薄壁弱刚性结构加工表面误差仿真计算与补偿策略研究

康永刚 著

西北工业大学出版社

西安

【内容简介】 本书主要针对航空产品中大量存在的薄壁零件进行了数控加工变形的预测和控制相关技术的讨论和实验研究工作,通过建立针对薄壁结构零件的精确切削力预测模型,从有限元和非有限元两个方面对薄壁结构零件加工变形误差的预测进行了研究,并进行了大量算例分析及工艺实验验证。基于此,本书对切削参数优化及积极预防的变形控制技术进行了广泛、深入的探讨,从而达到精确、快速地预测变形误差,高效、高质地控制加工精度,提高加工效率的研究目标。

本书可供飞行器制造专业领域的相关科学研究人员阅读参考,也可供高等学校飞行器制造专业的高年级本科生和研究生阅读参考。

图书在版编目(CIP)数据

薄壁弱刚性结构加工表面误差仿真计算与补偿策略研究 / 康永刚著 . —西安 : 西北工业大学出版社,2021.4
ISBN 978 - 7 - 5612 - 7707 - 2

Ⅰ.①薄… Ⅱ.①康… Ⅲ.①航空材料-薄壁结构-结构构件-金属加工-研究 Ⅳ.①V259

中国版本图书馆 CIP 数据核字(2021)第 071642 号

BAOBI RUOGANGXING JIEGOU JIAGONG BIAOMIAN WUCHA FANGZHEN JISUAN YU BUCHANG CELÜE YANJIU
薄壁弱刚性结构加工表面误差仿真计算与补偿策略研究

责任编辑:朱晓娟		策划编辑:何格夫	
责任校对:张 友		装帧设计:李 飞	

出版发行 西北工业大学出版社

通信地址 西安市友谊西路 127 号 邮编:710072

电 话 (029)88491757,88493844

网 址 www.nwpup.com

印 刷 者 兴平市博闻印务有限公司

开 本 787 mm×1 092 mm 1/16

印 张 9.75

字 数 256 千字

版 次 2021 年 4 月第 1 版 2021 年 4 月第 1 次印刷

定 价 58.00 元

前　　言

　　航空产品中存在着大量的薄壁结构零件。这些薄壁零件的结构复杂,壁薄,精度要求高,加工工艺性差,在切削力作用下极易产生由变形而引起的表面误差,严重影响着航空产品的加工精度,是航空制造技术所面对的突出问题之一。因此,实现航空薄壁零件数控加工变形的预测和控制具有重要的理论意义和工程应用价值。

　　本书具体研究内容如下:

　　(1)针对薄壁结构零件加工特点,建立了精确的铣削加工力学模型。鉴于薄壁结构零件加工的大轴向切深特点,考虑切削过程的尺寸效应,将切削力系数进行分区建模,就其瞬时的切削力系数,建立了考虑刀具切削位置、转速及平均切屑厚度的切削力系数的预测模型。通过切削力的分类,以及两类切削力系数实验确定了建模和计算过程中的方法错误并进行了修正,提高了模型的预测精度,为后续变形数值模拟与解析分析提供了更准确的加载依据。最后,组织了实验并与数值计算结果进行了对比分析。

　　(2)对薄壁结构零件加工变形误差的有限元预测方法进行了研究。提出了考虑刀具/工件变形的快速柔性迭代算法,建立了航空薄壁结构零件加工变形和表面静态误差预测的柔性计算模型,进一步对薄壁结构零件加工变形的精确计算进行了研究;提出了薄壁结构零件最大变形误差的双层迭代求解算法,该方法可以直接、精确地解决薄壁结构零件加工最大变形误差的大小和位置预测问题,而不必将整个加工表面的误差进行仿真预测,大大提高了计算速度。同时,就刀具和工件的有限元建模、刀具/工件的瞬时接触区域的限定算法、刀具/工件变形的耦合迭代算法等关键技术进行了广泛的研究。

　　(3)提出了基于实际切削深度的薄壁结构零件加工表面误差预测理论,研发了及基于弹性薄板理论的薄壁结构零件加工变形解析预测技术。以立铣加工为对象,在切削力分类的基础上通过定义切削力分析指标,考虑刀具/工件的变形,建立了基于切削力曲线形状特征的实际切深的计算方法,并应用于薄壁结构零件最大变形的预测中;基于弹性薄板理论,应用功的互等定理,在得到一集中力作用下薄壁结构零件变形的基础上,通过集中力作用位置的计算、切削过程中的薄壁结构零件的刚度修正及实际切深的修正等关键技术的研究,简化了变形求解过程,从而建立了基于弹性薄板理论的薄壁结构零件加工变形解析预测方法。以上两种方法均有求解过程简单、计算速度快及计算精度高的特点。

　　(4)基于薄壁结构零件加工变形的精确预测,建立了基于工艺参数优化的加工变形控制方法。在保证加工效率的前提下,对顺铣和逆铣进行了切削参数的优化,同时考虑了工艺结构优化。通过倒 L 形侧壁结构尺寸的优化及加工方法的研究可进一步减小变形误差,进而针对侧壁和腹板的变切深及倾斜加工等工艺方法,从理论分析、仿真建模、计算方法及实验研究等方面进行了详细、系统的研究,并形成了初步的控制软件。通过切削参数的优化可以有效地对薄壁结构零件的加工变形误差进行控制,并有效地提高生产率,从而满足生产实际的要求。

(5) 基于刀具制造和工件刚性这两条解决薄壁结构零件加工变形的根本途径,设计了一种适合于薄壁结构零件加工的新型刀具——"变锥体刀具"。研究了该刀具的结构设计、制造及其切削力的计算,并就其在薄壁结构零件加工变形中的应用进行研究;针对夹具布局优化进行了讨论,并设计了一套适合于薄壁结构零件加工的新型夹具,应用于薄壁结构零件加工过程中,并进行算例研究与实验验证。利用以上创新性的研究成果可以在很大范围内解决薄壁结构零件的加工变形问题。

本书的研究工作得到了国家自然科学基金项目"航空大壁板增量装配连接整体扭翘变形主动抑制方法及其机理研究"(51875476)和"面向复杂危险场景精准作业的人机协同控制与跨域实时优化"(92067205)的资助,在此谨表示衷心的感谢!

在写作本书的过程中,参阅了相关文献资料,在此谨对其作者表示感谢!

由于水平有限,书中难免存在不妥之处,敬请广大读者批评指正。

著 者

2021 年 2 月

目　　录

第1章 绪 论

【内容提要】 本章首先阐述了本书研究的背景;其次总结了国内外航空整体薄壁零件的数控加工概况,并对其加工变形产生的原因进行了分析与总结;再次在详细论述本领域国内外研究现状的基础上,结合国家自然科学基金项目,提出了航空整体薄壁零件的变形预测和控制的研究目标和技术路线;最后给出了本书的主要工作和研究内容总体框架。

1.1 引 言

实现高精度加工和加工过程的自动化、智能化一直是现代制造业发展的两个主要目标和标志。航空制造业在高精度和高效率加工方面的要求表现得更为突出和迫切。随着对航空产品性能要求的进一步提高,现代航空工业中广泛使用整体薄壁结构零件,以减轻质量、提高结构强度和性能,如整体壁板、框架壳体、翼肋、整体涡轮叶片和坐舱盖骨架等,其分类及加工方法详见表 1-1。

表 1-1 整体结构件的分类及加工方法

类别	结构特点	使用材料	主要加工方法
壁板	气动外形、内槽	铝合金	三坐标数控铣
梁	气动外缘、带变斜角、截面形状多种	铝合金、合金钢	四、五坐标数控铣和仿形铣
框			
涡轮叶片	气动外形复杂	钛合金、铝合金	五坐标数控铣
座舱盖骨架	气动外形复杂	铸造镁合金	五坐标数控铣、仿形铣

这些产品的设计与制造水平,往往能够从一个侧面体现一个国家或地区科学技术和工业化水平的高低。长期以来,发达国家尤其是世界军事强国始终把持了这些领域的制高点,如F-22战斗机采用了整体框结构,利用五坐标铣床经切削加工到最小的腹板和安装边厚度(有些部位小于0.5 mm)以控制质量,其583框的毛坯质量为2227 kg,经机械加工后,零件质量只有122 kg;苏-27战斗机尽管在结构上大多仍然沿用了原有机型构件分段的方法,但构件的腹板厚度也减至1.5 mm;法国达索飞机公司的幻影F-1战斗机机身框由尺寸为20 000 mm×1800 mm×80 mm的轧制板坯整体切削而成,框与加强肋成为一个整体,加工后的成品质量只有毛坯质量的10%;美国麦道飞机公司的DC-10运输机采用框、梁组合部件结构将垂尾大梁与中央发动机隔板组合成一体。我国新研制的某型号飞机的壁板及翼肋也采用了整体结

构件。

　　图1-1所示的整体薄壁结构零件,其主要结构由侧壁、腹板、不规则的框等组成,结构形状复杂,外形协调要求较高,零件外廓尺寸相对截面尺寸较大,加工余量大,相对刚度较低,加工工艺性差。在切削力、切削热及切削颤振等因素的影响下,易发生加工变形,不易控制加工精度和提高加工效率。尤其是在切削力作用下,侧壁和腹板极易变形,造成切削过程中的过切或让刀现象,导致最终的薄壁零件尺寸超差、厚度不均匀等。

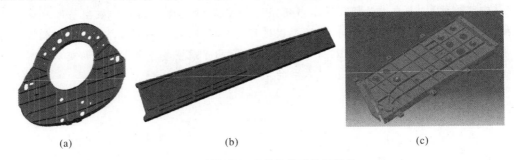

　　　　(a)　　　　　　　　　　(b)　　　　　　　　　　(c)

图1-1　某型号工程整体薄壁结构零件

　　整体薄壁零件在飞机设计上的广泛应用及其严重的加工变形问题对航空制造技术和工艺装备提出了新的要求,对传统的切削工艺提出了挑战。国内在型号工程研制和民用飞机转包合作的生产实际中,由于对薄壁结构零件的变形规律不是很清楚,不能有效地控制其加工精度,有时为了达到设计所要求的加工精度,只能增加打磨工序,大大降低了加工效率。加工变形和加工效率问题已成为影响薄壁结构零件加工的重要因素,使零件结构设计受到制造水平的制约,直接影响航空产品更新换代。为了控制加工变形,除在设计阶段要对工件的尺寸、形状进行综合考虑外,对加工过程进行深入的研究分析,合理地进行工艺设计(包括正确选择加工工艺参数、设计工艺结构及优化刀具路径等),以保证加工误差满足制造精度的要求,这些是国内外学者常采用的方法。这需要大量的分析数据作为支持,只通过实验手段很难完成,而数值仿真技术通过少量的实验可以进行大量的仿真计算,有成本低、周期短、可操作性强的特点,并可以进行方便的数据处理及批量分析对比,是解决薄壁结构零件加工变形预测及其控制问题的重要途径。近年来,国内外学者非常重视对薄壁结构零件铣削过程的仿真研究,并取得了一定的进展。然而,诸多的关于薄壁结构零件铣削过程仿真的研究基本上是基于有限元方法建立的,其计算精度和速度,以及模型的统一性等问题一直困扰着各国学者。同时,有限元计算模型大多基于零件简单几何结构(如简单矩形板)及简单的加工过程(等切深、直线、单齿加工)而建立,对于更复杂的零件结构系统及加工过程的仿真研究不够深入。另外,对于薄壁结构零件加工变形的控制,生产实际中的工艺人员仍然凭经验选择工艺参数,通常采用试切及最后一刀留足够小余量的方法来保证精度。国内外学者在这方面也缺乏系统、全面的研究,控制方法主要集中在参数的优化上面。因此,在薄壁结构零件铣削加工变形的预测和控制技术的研究方面,尚有大量的工作需要开展。

　　鉴于此,近年来我国对复杂薄壁零件加工变形问题越来越重视,国内一些高校在各类基金资助下与工厂合作,进行了系列相关研究,取得了一些成果,西北工业大学在此领域做出了自己独特的贡献。

1.2 整体薄壁零件数控加工及变形原因分析

航空整体薄壁零件须经数控加工得到,下面就航空整体薄壁零件数控加工的国内外状况及其加工变形产生的原因进行综合分析。

1.2.1 航空整体薄壁零件数控加工技术

目前,国外在飞机制造方面基本实现了数控化。在飞机整体结构件的制造方面大量采用了数控机床及自动化程度较高的专用夹具,如采用液压可调整工装,在加工零件外廓形状过程中当切削刀具接近压紧点时压板自动让开,刀具切削过去以后,压板再返回原位压紧零件;有些公司开发出的可调整夹具可用于整体飞机结构件的机械加工中,定位面可以是曲面形状;在实际零件切削加工过程中,有的公司把压紧用的夹具压板用与零件相同的材料制造,装夹时与零件形成一体,切割过程中便不必再考虑躲避夹具压板的问题。他们的刀具材料性能及质量较为稳定,刀具制造本身的技术发展也较快。在飞机整体薄壁结构零件的加工工艺上,高速铣削占据的位置越来越重要,并主要用于铝合金整体结构件、薄层的腹板件,高速铣削可以使带筋整体壁板的材料得到节约,减小机械连接时间,可以加工薄至 0.3mm 的蒙皮,切削力减少约 30%。

我国航空工业的制造技术水平从总体上看,可以说仍然以传统的制造工艺为主,有的甚至还停留在 20 世纪五六十年代的水平上。在飞机整体薄壁零件的制造方面,基本上沿用了原有机型的工艺技术。在多年的数控技术发展过程中,将主要精力集中到了数控机床、计算机辅助编程软件的研究上。对于切削过程本身及数控机床上使用的夹具、刀具则缺少较为深入的研究和开发。随高速切削加工设备和技术的引入,我国在飞机整体薄壁零件的加工中,对原有的工艺进行了一定的改进,例如:将原有的加工工序(粗加工—半精加工—精加工)改为粗加工—精加工,采用了分层铣削方法等。但是,与国外工业发达国家相比,我国在高速切削加工技术领域还处在刚刚起步的阶段,对高速切削加工工艺及相关技术的研究还较少,许多技术领域几乎是空白的。

目前,国内在飞机整体薄壁零件数控加工过程中,零件装夹一般有两种方式:一是,简单装夹方式,人为因素对质量影响大,夹紧力也不容易控制;二是,平面型真空平台,适于单面结构,但对于带双面结构的飞机整体薄壁零件的吸附效果则较差。

目前,飞机制造厂数控加工中使用的刀具基本上沿用一般刀具的设计方法。工厂精力主要放在了工艺规划及夹具设计等方面,一般工厂不会进行针对性的刀具设计及加工,零件加工部门缺乏刀具设计部门的支持。

在整体薄壁零件数控加工工艺规程的制定中,不同的加工工艺路线、不同的装夹方案、不同的走刀方式对工件的加工精度会产生不同的影响。遗憾的是,目前在工艺规程的编制中,对于工程技术人员来讲是无法给出定量的、科学的工艺规程参数,只能凭经验和实验来获取比较合理的制造工艺路线,带有很大的主观性。对于新产品,这样势必大大延长新工艺路线的设计时间,而且大量的、有时甚至是无理论支撑的盲目加工实验需要花费巨大的人力和物力,这种相对落后的制造工艺设计方法严重制约了我国制造技术的发展水平,困惑着包括国防工业在内的许多制造行业。国外发达的工业国家,特别是美国和日本等国在航空、航天和造船等领域已经大量采用了计算机模拟计算和分析技术,并从中获益。尽快掌握这一技术对于加快我国从制造大国向制造强国转变具有重要的战略意义。

1.2.2　航空整体薄壁零件加工变形产生的原因

航空整体薄壁零件加工变形产生的原因很多,与毛坯的材质、零件的几何形状以及生产条件(包括人员、机床设备、工艺方法与设备、环境等因素)都有关系,而且变形形式多样,不同的零件结构,不同的加工方式,起主导作用的影响因素也有所不同,产生的加工变形形式与程度也不一样,影响因素的复杂性使航空复杂结构件加工变形成为飞机制造技术中的关键难点之一。除了上述原因外,机床、工装的刚度,加工环境的温度,刀具的磨损,零件冷却散热情况等对零件的变形也都有一定的影响,图1-2较为详细地列举了影响薄壁零件加工变形产生的各个因素。

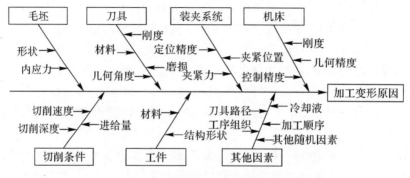

图1-2　影响薄壁零件加工变形产生的因素简图

1.3　文献综述、国内外研究现状及存在的问题

通过对薄壁零件加工变形原因的分析,可将整体薄壁零件的加工变形归结为四个主要来源:已切除材料残余应力的释放;刀具对工件的作用;工件的装夹条件;刀具和机床因素。针对这四个来源,实现薄壁结构零件加工变形的控制可以从以下几方面着手:

(1)从材料角度出发,设法消除整体薄壁零件毛坯内的残余应力;

(2)从加工工艺角度出发,通过切削力建模,优化切削用量、刀具走刀路径以及加工顺序,合理安排切削顺序,分配切削余量等;

(3)从工装入手,通过合理安排装夹位置和装夹力,以及装夹的顺序,或者设计专用的夹具等;

(4)刀具和机床是最直接、最积极的影响因素,考虑设计更适合于薄壁结构零件加工的刀具和机床结构等。

在工件的材料确定后(毛坯的初始残余应力是一定的),国内外关于薄壁结构零件加工变形控制的研究就主要集中在第(2)条工艺角度方面,而第(3)(4)条则投入较少。下面就薄壁零件加工变形研究的总体状况,以及与其数值仿真研究密切相关的切削力仿真、切削加工的有限元模拟技术、数控加工变形的控制研究状况做一扼要的介绍。

1.3.1　总体状况

航空薄壁结构零件的加工变形问题,美、法、德、日、英等制造强国都非常重视。美国的波音公司早在 2003 年前后,依托密歇根大学等若干所著名大学,甚至包括我国台湾地区的一所著名大学,在政府和军工企业集团的共同支持下,共同研究和开发能够有效抑制整体结构零件数控加工变形的工艺路线优化理论和有限元模拟软件。美国等发达国家针对航空工业薄壁结构零件的结构特点,采用有限元技术,通过变形分析获得薄壁零件变形模式,再利用数控补偿技术进行适当补偿,可保证薄壁结构零件高精度加工要求,或通过高速铣削技术解决薄壁结构零件加工变形问题,同时提高了加工生产率。

在国内,随着对加工变形问题的重视,研究复杂结构件加工变形的高校与企业越来越多,并且陆续产生了一些成果。南京航空航天大学在切削力模型、薄壁结构零件变形控制工艺领域开展相关研究工作,一些工艺已经应用于企业,取得了很好的效果;浙江大学、北京航空航天大学在结构件加工变形数值模拟领域也开展了大量研究,得出一些有用的结论;西北工业大学(简称"西工大")在复杂结构件精密数控加工工艺领域及高效数值仿真与夹具优化领域也开展了相关研究。此外,航空工业成都飞机工业(集团)有限责任公司(简称"成飞")、航空工业西安飞机工业(集团)有限责任公司(简称"西飞")等企业也根据自己的实际生产情况进行了数据库开发、工艺改进,其他的国内有关整体薄壁零件加工变形研究的报道仅限于针对具体零件在数控加工工艺方面的改进。总的来讲,研究范围仍较窄,很多关键技术还有待突破。虽在某些方面做出了一些研究成果,但仍然缺乏对航空整体薄壁零件加工变形问题的较系统、深入的研究,而且目前的研究成果在计算机辅助设计(Computer Aided Design,CAD)、计算机辅助制造(Computer Aided Manufacturing,CAM)、计算机辅助工程(Computer Aided Engineering,CAE)软件结合方面也仍未成熟。

整体薄壁零件的加工以铣削为主(见表 1 - 1),所以以下的研究对象如未特别说明的均为铣削,并以静态的加工过程为主要的工作内容。

1.3.2　切削力模型的研究现状

国内外学者对进行加工变形分析有重要影响的切削力模型进行了大量研究,具体成果如下。

Kline 建立了平均铣削力模型,平均指的是通过测量的平均力数据建立模型,即通过安排多组实验,测量每组实验的平均力,然后用这些数据确定模型中待定常量,进而进行瞬态铣削力分布预测;Yun 建立了三维铣削力模型,通过一组实验数据去预测模型常量,即取刀具旋转一周过程中不同时刻的瞬态数据作为预测模型常量的依据;Li 将 Oxley 的切削理论用于铣削力分析,建立了铣削力理论模型;Hua 通过对测力仪采样数据进行分析,将每个刀具旋转周期划分为 8 个区间,对每个区间均建立了铣削力的多项式模型;Smith 对已有的力学模型进行了分类总结,将铣削力学模型分为平均刚性力模型、静态倾斜模型、瞬态刚性模型、瞬态刚性倾斜模型、瞬态柔性倾斜模型及动态倾斜模型;万敏则将铣削力学模型分作两类——不分离边缘效应的切削力模型和分离边缘效应的切削力模型;Merchant 通过假设切削层是由单一的剪切平面转变为切屑,并经过一系列理论推导得到了切削力的半经验理论模型。

然而,不同的切削力模型最终要归结于精确的切削力系数的求解,切削力系数直接与刀具材料及几何参数、工件材料和加工工况相关,预测难度大,精度难以控制,使之成为切削力预测的关键。Sutherland 指出,切削过程中,法线、切线切削力与切屑截面积成比例关系,并假定切削力系数为一常数。在一些学者的研究中,切削力系数被假设为与瞬时未变形切屑厚度有关的指数函数。通常地,为简便计算,此切削力系数被简化为平均切屑厚度的指数函数。Kline等人将切削力系数表达为单齿进给量、径向切削深度和轴向切削深度,甚至在高速情况下包括转速的二次多项式函数。Chiang 定义切削力系数是工件硬度和进给量的函数,而 Zhu 认为切屑厚度、切削速度和刀具前角的函数更能表达切削力系数的真正含义。尽管切削力系数的表现形式不同,但是其具体的数学表达式一般通过对实验数据使用最小二乘法、线形回归法或其他优化算法得到。Gradisek 等人基于实测切削力数据建立了任意立铣刀(平头、球头、环头等)铣削过程中切削力系数的通用表达式,该方法适用于任意径向切削深度的切削实验。Budak,Lee 及 Altintas 研究了基于正交切削实验数据库的切削力系数表达式。Kline 提出的平均力模型应用最为广泛,为很多学者所引用。而平均切屑厚度的指数函数的切削力系数表达式则得到较多应用。

1.3.3　薄壁结构零件加工变形的有限元仿真技术的研究现状

加工过程中,由于切削力的作用,刀具和工件均产生弹性变形,致使过切或让刀,造成零件表面的加工误差。目前,对于静态立铣加工过程表面误差的研究,主要有刚性模型和柔性模型。

1. 刚性模型

刚性模型在变形分析过程中并未考虑刀具/工件变形对切削力的反馈影响。Budak 和 Shirase 等人建立了基于刀具变形的表面误差预测模型,通过将刀具划分为轴向等长的单元,并使用悬臂梁理论和表面生成原理计算刀具变形和工件表面误差。Kline 等人较早研究了三边夹紧固定,一边自由边界条件下的矩形薄壁板的铣削变形建模。Shi 等人则提出了一种快速有效的表面误差的计算模型,该模型通过利用变形曲线而非直接使用表面生成模型的方法实现表面误差的求解。王志刚等人在假设刀具为刚体且忽略变形反馈影响的情况下,运用有限元软件分析了航空薄壁口框零件铣削的加工变形。此外,张智海等人使用铣削力/铣削扭矩和瞬时未变形切屑厚度的关系,建立了周铣情况下工件表面误差的预报模型。该模型考虑了刀具变形、工件变形以及机床变形等因素,但没有考虑刀具变形与工件变形的耦合效应。

2. 柔性模型

考虑刀具/工件变形对切入(切出)角变化的柔性模型被大多数学者所采用。

Larue 和 Anselmetti 研究了考虑变形反馈影响的工件表面误差的计算方法。Ratchev 等人则通过使用神经网络理论和有限元分析方法,建立了薄壁结构零件铣削过程中加工变形和表面误差的柔性预测模型。之后,Ratchev 和 Liu 等人通过采用有限元分析方法,建立了考虑切入(切出)角变化的工件变形和表面误差的柔性预测模型。为寻求刀具与工件变形的耦合关系,Sutherland 等人从理论上首次提出了考虑刀具变形和工件变形的瞬时未变形切屑厚度和表面误差的计算方法。Budak 等人证实在静态铣削过程中,瞬时未变形切屑厚度收敛于名义值。因此,Budak 和 Tsai 在研究考虑刀具变形和工件变形的耦合模型时仅考虑对径向切削深度的修正,不考虑对瞬时未变形切屑厚度的修正,通过使用迭代算法分析刀具和工件变形的耦合效应以及加工过程中的材料去除效应。Budak 等人使用了轴向等长的等效圆柱悬臂梁单元建立刀具模型,Tsai 等人则提出使用轴向等长的预扭梁单元。然而,该建模方法必须要求刀具单元与工件单元相对应,以保证在算法上通过改变单层单元的节点坐标模拟材料的去除效应。武凯、何宁、赵威等人分别在国内较早地研究了薄壁结构零件加工变形问题,是较多研究薄壁腹板加工变形的人,对航空薄壁复杂结构件的加工工艺也进行了详细的讨论,做出了一定的贡献。万敏考虑复杂零件(如带孔圆弧面薄壁零件)的变形问题,研究了刀具/工件的独立建模方法,即刀具与工件的建模坐标系自由选取,网格划分方法与网格类型自由选取,刀具通过等效悬臂梁进行建模并应用于薄壁结构零件加工变形的预测。

1.3.4 薄壁结构零件加工变形控制的研究现状

在目前加工系统中,典型的数控加工过程分为三个阶段:①加工前的离线零件编程;②加工中的在线加工和监控;③加工后的检验处理。加工中工艺系统会受到各种干扰,如加工变形、工件安装误差、刀具偏摆、刀具磨损、受热变形等明显影响加工质量。

对数控加工前期进行误差补偿和工艺参数优化是控制变形误差的关键性环节,众多研究者采用不同的技术和方法对这一问题进行了大量的研究和探索。Kline 等人采用控制切削力的思想,研究了圆弧走刀过程中单齿进给量的控制方法。Budak 等人也从控制最大变形误差的角度研究了单齿进给量的控制方法。Law 等人研究了基于刀杆变形的腔槽加工过程的误差补偿方法,但该模型没考虑工件变形,不适合于薄壁结构零件加工中的应用。Cho 等人在实验统计数据的基础上研究了简单零件的误差补偿方法,同样不适合复杂工件的补偿。Ratchev 通过在不同的进给位置进行刀路补偿来控制加工变形,对于整体变形有良好的控制作用。Devor 应用有限差分法对薄壁结构零件在单位力作用下的变形进行了分析计算,建立了薄壁结构零件变形与薄壁结构零件几何参数的对应关系模型,但该模型将力与变形单独分析,没有考虑加工薄壁时让刀后实际铣削力的变化,而且,该模型没有将铣削时刀齿的实际空间位置与变形分析对应起来,所以该模型的预测并不准确。王志刚等人基于有限元软件研究了航空薄壁方框零件铣削加工中的刀具补偿方法。郑联语等人研究了改进薄壁零件数控加工质量的进给量局部优化方法,定性地给出了优化过程。刘艳明等人基于 K-L 神经网络优化方法,建立了一种机械加工中切削用量的优化模型。武凯基于仿真和实验研究对薄壁结构零件加工的切削参数及刀具路径等进行了优化,提出了倾斜加工、分步环切等工艺方法,并得到了一系列重要的工艺结论。以上研究工作对工艺参数的优化缺乏从切削效率到工艺参数、切削方式及工艺路线的全面的研究,但没有涉及结构优化的问题,各种工艺方法也没有进行深入的交叉研究。总之,适用于薄壁结构零件加工的工艺参数优化的技术还不够全面与成熟。

对数控加工中后期两个阶段,即数控程序运行当中的在线加工和监控(如在线检测和监控、实时误差修正补偿、加工过程故障诊断等)与运行结束之后的对已加工工件的检验处理(如手工打磨、增加变形矫正工序等),工艺优化和工艺质量保证的研究主要通过数控加工的几何仿真和力学仿真来实现。几何仿真不考虑切削参数、切削力及其他因素的影响,将工件、刀具、机床等工艺系统要素视为刚性体,通过仿真刀具走刀路径,检查诸如干涉、碰撞和过切等宏观误差,进而验证数字控制(Numerical Control,NC)程序的正确性,但显然不适合于薄壁结构零件加工变形的分析。

主动抑制的薄壁结构零件加工变形的控制方法,包括通过夹具优化、提高工件刚度以及对机床、刀具、夹具的设计改造等来控制加工变形的方法。

夹具优化旨在得到最合理的夹具布局与夹紧力,弱刚度零件加工中,夹具元件与工件的接触变形和工件弹性变形对加工精度影响较大,为了提高加工精度,很多研究者通过夹具优化来减小变形的影响。Vallapuzha 等人应用弹簧边界条件代替接触,将夹具元件布局同夹紧力分开进行优化。董辉跃视装夹/支撑为刚体,运用有限元分析软件,分别对装夹位置、装夹顺序以及加载方式三个因素在装夹过程中对框类薄壁零件产生变形的影响进行了有限元模拟。秦国华考虑摩擦力的作用,研究了薄壁弱刚度零件的装夹位置及顺序对工件加工过程的影响及其控制方法。周孝伦研究了基于遗传算法的夹具布局和夹紧力同步优化。用特殊的双轴机床进行薄壁零件加工,如日本的岩部洋育采用双主轴机床分别从两侧同时进行侧壁的加工,从而抵消了薄壁结构零件的变形。从工装方面考虑,采用真空夹具、石膏填充法及低熔点合金填充法等工艺方法加强支撑,进而达到减小变形、提高加工精度的目的。Liu 通过优化定位件位置和数量来控制加工变形。

1.3.5　存在的问题

虽然国外在航空制造领域提出了多种加工变形控制方法,但这样的问题并没有被彻底解决。例如:相关文献中的力学模型各有优缺点及适用范围,要做到实际应用,需要根据具体的研究对象进行修正与补充;对薄壁零件的变形分析不够全面,对于较为复杂的结构形式、复杂的加工方式研究较少;变形预测的方法多限于有限元方法,对于其他方法的探讨近年来很少有人涉足。同时,进行有限元变形模拟仿真的方法还不够完善,模型连续计算能力差,迭代方法单一,收敛速度慢等。另外,变形预测多注重于整体表面变形误差的预测,虽然整体预测效果较好,但是并不适用于现在的航空制造业的加工和生产实际,对于实际的生产指导意义并不大;工艺参数优化不够全面,误差补偿的有限元分析模型较少有人涉及,且变形控制的工艺方法缺乏综合考虑,缺乏从理论分析、优化模型、仿真建模、计算方法及实验研究等多方面进行系统的研究;对于积极控制的加工变形控制方法较多限于传统的夹具布局抑或夹紧力优化等,缺乏其他更有效方法的探讨;对于实验数据的处理方法上,也缺乏较为深入的研究。

1.4　研究方法与意义、技术路线及本书工作

1.4.1　研究方法与意义

本书依据国家自然科学基金项目,针对航空整体薄壁零件加工制造中突显的切削力作用

下的加工变形问题,结合金属切削理论、加工变形控制技术,借助于实验研究、力学建模、数值计算及加工工艺优化等方法,基于有限元的表面误差的高效计算算法以及非有限元的变形误差预测方法,分别从变形预测与控制两个方面,针对不同形状特征的薄壁零件,系统研究薄壁结构零件铣削加工变形的力学理论;以加工效率最大和变形最小为目标对切削参数进行优化,研究针对最大变形的加工变形误差控制策略;研究针对薄壁结构零件加工变形的夹具定位点的优化选择以及适合于薄壁结构零件加工的夹具结构的设计、适合于薄壁结构零件加工的铣刀刃形设计等等,对加工变形及其控制问题进行较为系统、深入的研究。

部分子问题的研究将填补该领域空白点,具有明显的学术价值。同时,由于加工变形问题的普遍性,该项目的研究成果必将具有广阔的应用前景,对提高数控加工精度,提高生产率,实现航空、航天制造业中大量易变形结构件的高效精密加工具有重要的指导意义。

1.4.2 技术路线

如前所述,在目前的加工系统中,典型的数控加工过程分为三个阶段(见 1.3.4 小节)。对于薄壁结构零件加工变形问题,应主要集中在第一阶段的研究,加工前进行加工变形预测,进而进行工艺参数的优化;在夹具和刀具上考虑薄壁结构零件变形特点,采用积极的设计方法,以达到保证加工质量的目的;同时兼顾第二个阶段和第三个阶段,为在线检测和检验处理提供必要的理论和技术支持。

本书研究技术路线如下:

在 NC 编程之前,针对薄壁结构零件加工特点建立精确的切削力预测模型,进而采用基于有限元及非有限元方法建立薄壁结构零件加工变形预测模型,进行加工变形误差的预测。基于此,进行切削参数和工艺方案的优化。这是改进加工质量主动和有效的预防途径。另外,基于建立的切削力预测模型和表面误差预测结果,通过合理的夹具布局的优化选择、适合于薄壁结构零件加工的新型夹具的设计以及"变锥度"刀具的设计等进行主动抑制加工变形误差产生的研究。

对切削力曲线进行研究,从而得到加工变形的在线预测方法;对于加工后的检验处理,可以通过理论分析来得到较大变形误差的位置,并进行有目的的检验,从而减少工作量,并减少误差。

在薄壁结构零件的实验研究中采用先局部后整体的研究思路,将大型整体薄壁零件所包含的薄壁特征进行解构,并分别进行变形预测及工艺优化、刀路补偿研究,对此总结分析后再进行整体薄壁零件的综合研究。

1.4.3 本书的主要工作

本书将开展以下几方面的工作:建立一套较系统完善的针对航空薄壁零件的加工变形预测和仿真理论、算法以及误差补偿理论和仿真算法,建立优化的切削用量和刀具路径优化理论及模型,进行薄壁结构零件加工夹具布局优化,并提出更适用于大型航空薄壁结构零件的新型夹具设计思路,设计适合于薄壁结构零件加工的"变锥度"刀具。

本书主要工作及技术路线如图 1-3 所示。

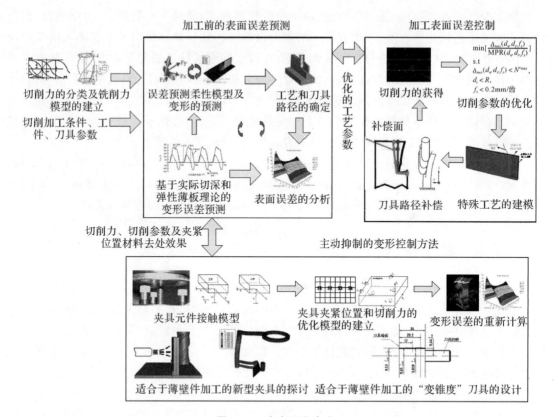

图 1-3 本书研究内容

1.5 本书章节安排及研究内容的总体框架

全书共分为 6 章,图 1-4 所示是本书研究内容的总体框架。

第 1 章首先阐述了本书研究的背景;其次总结了国内外航空整体薄壁零件的数控加工概况,并对其加工变形产生的原因进行了详细的分析;然后在详细论述本领域国内外研究现状的基础上,结合国家自然科学基金项目,提出了航空整体薄壁零件铣削加工有限元模拟的研究目标和技术路线;最后给出了本书的研究内容和总体框架。

第 2 章首先以立铣加工过程为研究对象,在斜角切削机理的基础上建立了刀齿周向微分段的立铣切削力模型;其次根据薄壁结构零件加工的特点,考虑切削过程的尺寸效应,提出了切削力系数的分区建模思想;再次对切削力进行了分类,并就薄壁结构零件切削力模型建立过程中存在的两类错误进行了总结与修正;最后组织了单因素实验。

第 3 章首先基于有限元方法,提出了考虑实际加工过程的柔性迭代算法,应用于薄壁结构零件加工变形误差的预测中,建立了薄壁结构零件加工最大变形误差的二次迭代有限元计算模型;然后在精确铣削力模型的基础上考虑薄壁结构零件加工过程中的实际变形过程,以提高模型计算速度并保证实际需求为目标,仅对最大变形误差进行迭代计算,使得模型计算速度大大加快,该方法可以直接给出最大变形位置和大小,在工程实际中还可以减少检验时间;最后对侧壁腹板等结构件进行了模拟仿真和实验验证。

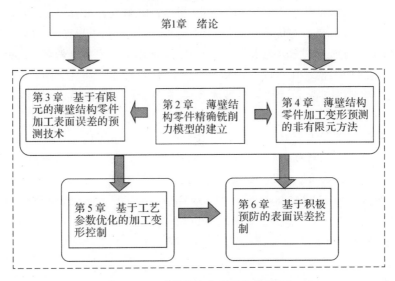

图1-4　本书研究内容的总体框架

第4章首先提出了基于实际切削深度的薄壁结构零件加工表面误差预测理论及基于弹性薄板理论的薄壁结构零件加工变形预测技术；然后以立铣加工为对象，在切削力分类的基础上通过定义切削力分析指标，考虑刀具/工件的变形，得到了基于切削力曲线形状特征的实际切深的计算方法，并应用于薄壁结构零件最大变形的预测中；最后基于弹性薄板理论，应用功的互等定理，在得到一集中力作用下薄壁结构零件变形的基础上，通过集中力作用位置的计算、切削过程中的薄壁工件的刚度修正及实际切深的修正等关键技术的研究，简化了变形求解过程，并进行了数值算例分析。

第5章首先基于建立的薄壁结构零件变形预测模型，建立了工艺参数的优化方法，在保证切削效率的前提下提高了加工精度；然后基于建立的薄壁结构零件变形预测模型，研究了针对最大及最小变形的旨在提高薄壁结构零件加工精度的刀具路径补偿策略。

第6章基于前述各章节的理论基础，采用有限元方法，以薄壁结构零件变形最小为目标，设计了"变锥度"铣刀，并就适合于薄壁结构零件铣削加工的夹具结构进行了优化设计。

参 考 文 献

[1] YUSUF A. 数控技术与制造自动化[M]. 罗学科,译. 北京:化学工业出版社,2002.

[2] 航空制造工程手册总编委会. 航空制造工程手册:飞机机械加工、框架壳体工艺[M]. 北京:航空工业出版社,1995.

[3] 王炎. 飞机整体结构件数控加工技术应用中的问题与对策[J]. 航空制造工程,1998, 4：28-30.

[4] 郭恩明. 我国航空制造技术的现状及发展趋势[J]. 航空制造技术,2002,1：27-29.

[5] 张伯霖,黄晓明,李志英. 高速加工中心及其应用[J]. 机电工程技术,2001,30(5)：

11 - 14.

[6] 顾诵芬. 航空航天科学技术:航空卷[M]. 济南:山东教育出版社,1998.

[7] 陈光明. 高速切削技术的优势及经济性[J]. 机床与液压,2001(2):15 - 17.

[8] 徐强. 高速切削加工技术及其相关技术的发展概况[J]. 机械工程师,2000(3):8 - 9.

[9] 张伯霖. 高速加工技术在美国的最新发展[J]. 制造技术与机床,1999(4):5 - 6.

[10] 张永强. 高速切削技术及其关键技术的发展现状[J]. 航空精密制造技术,2001,37(2):1 - 5.

[11] KLINE W A,DEVOR R E,LINDBERG R. The prediction of cutting forces in end Milling with application to cornering cuts[J]. International Journal of Machine Tool Design and Research,1982,22(1):7 - 22.

[12] YUN W S,KWANG K S,WOO C D. An improved method for the determination of 3D cutting force coefficients and runout parameters in end milling [J]. The International Journal of Advanced Manufacturing Technology,2000,16(12):851 - 858.

[13] YUN W S. Accurate 3 - D cutting force prediction using cutting condition independent coefficients in end milling[J]. International Journal of Machine Tools & Manufacture,2001,41:463 - 478.

[14] OXLEY P L. Mechanics of machining[M]. Chichester:Halsted Press,1989.

[15] HUA K,HWANG R W. A predicted milling force model for high-speed end milling operation[J]. Int J Mach Tools Manufact,1997,37(7):969 - 979.

[16] SMITH S. An overview of modeling and simulation of the milling process[J]. Trans ASME J Eng Ind,1991,113(5):169 - 175.

[17] 万敏,张卫红. 薄壁件周铣切削力建模与表面误差预测方法研究[J]. 航空学报,2005,26(5):598 - 603.

[18] MERCHANT M E. Mechanics of the metal cutting process II:Plasticity conditions in orthogonal cutting[J]. Journal of Applied Physics,1945,16:318 - 324.

[19] KLINE W A,DEVOR R E. The prediction of surface accuracy in end milling[J]. Transactions of the ASME Journal of Engineering for Industry,1982,104:272 - 278.

[20] SUTHERLAND J W,DEVOR R E. An improved method for cutting force and surface error prediction in flexible end milling systems[J]. Transactions of the ASME Journal of Engineering for Industry,1986,108:269 - 279.

[21] KOENIER F,SABBERWAL A J. An investigation into the cutting force pulsations daring milling operations [J]. International Journal of Machine Tool Design & Manufacture,1961,1:15 - 33.

[22] TLUSTY J,MACNEIL P. Dynamics of cutting force in end milling[J]. Annals of the CIRP,1975,24:21 - 25.

[23] ALTINTAS Y,SPENCE A. End milling force algorithms for CAD systems[J]. Annals of the CIRP,1991,40(1):31 - 34.

[24] 武凯. 航空薄壁件加工变形分析与控制[D].南京:南京航空航天大学,2002.

[25] MONTGOMERY D, ALITINTAS Y. Mechanism of cutting force and surface generation in dynamic milling[J]. Trans ASME J Eng Ind, 1991, 113(5): 160 – 168.

[26] BUDAK E, ALTINTAS Y. Peripheral milling conditions for improved dimensional accuracy[J]. International Journal of Machine Tools & Manufacturing, 1994, 34(7): 907 – 918.

[27] BUDAK E, ALTINTAS Y. Modeling and avoidance of static form errors in peripheral milling of plates [J]. International Journal of Machine Tools & Manufacturing, 1995, 35 (3): 459 – 476.

[28] TSAI J S, LIAO C L. Finite-element modeling of static surface errors in the peripheral milling of thin-walled workpieces [J]. Journal of Materials Processing Technology, 1999, 94: 235 – 246.

[29] CHIANG S T, TSAI C M, LEE A C. Analysis of cutting forces in ball-end milling [J]. Journal of Materials Processing Technology, 1995, 47: 231 – 249.

[30] ZHU R, KAPOOR S G, DEVOR R E. Mechanistic modelling of the ball end milling process for multi-axis machining of free-form surface[J]. Transactions of the ASME Journal of Manufacturing Science and Engineering, 2001, 123: 369 – 379.

[31] 万敏. 薄壁件周铣加工过程中表面静态误差预测关键技术研究[D]. 西安:西北工业大学, 2005.

[32] BUDAK E, ALTINTAS Y, Armarego E J A. Prediction of milling force coefficients from orthogonal cutting data [J]. Transactions of the ASME Journal of Manufacturing Science and Engineering, 1996, 118: 216 – 224.

[33] LEE P, ALTINTAS Y. Prediction of ball-end milling forces from orthogonal cutting data [J]. International Journal of Machine Tools & Manufacturing, 1996, 36: 1059 – 1072.

[34] GRADISEK J, KALVERAM M, WEINERT K. Mechanistic identification of specific force coefficients for a general end mill[J]. International Journal of Machine Tools & Manufacture, 2004, 44(4): 401 – 414.

[35] BUDAK E. Analytical models for high performance milling, Part Ⅰ: Cutting forces, structural deformations and tolerance integrity[J]. International Journal of Machine Tools & Manufacture, 2006, 46: 1478 – 1488.

[36] LEE P, ALTINTAS Y. Prediction of ball-end milling forces from orthogonal cutting data[J]. International Journal of Machine Tools & Manufacturing, 1996, 36: 1059 – 1072.

[37] BUDAK E, ALTINTAS Y. Flexible milling force model for improved surface error predictions[J]. Proceedings of Engineering System Design and Analysis, 1992, 47 (1): 89 – 94.

[38] SHIRASE K, ALTINTAS Y. Cutting force and dimensional surface error generation in peripheral milling with variable pitch helical end mills[J]. International Journal of Machine Tools & Manufacture, 1996, 36(5): 567 – 584.

[39] RYU S H, LEE H S, CHU C N. The form error prediction in side wall machining

considering tool deflection [J]. International Journal of Machine Tools & Manufacture, 2003, 43: 1405 - 1411.

[40] LARUE A, ANSELMETTI B. A prediction of the machining defects in flank milling[J]. International Journal of Advanced Manufacturing Technology, 2004, 24: 102 - 111.

[41] 王志刚, 何宁. 航空薄壁零件加工变形的有限元分析[J]. 航空精密制造技术, 2000, 36(6): 7 - 11.

[42] RATCHEV S, GOVENDER E, NIKOV S, et al. Force and deflection modelling in milling of low-rigidity complex parts[J]. Journal of Materials Processing Technology, 2003, 143/144: 796 - 801.

[43] RATCHEV S, LIU S, HUANG W, et al. Milling error prediction and compensation in machining of low-rigidity parts[J]. International Journal of Machine Tools & Manufacture, 2004, 44: 1629 - 1641.

[44] RATCHEV S, LIU S, HUANG W, et al. A flexible force model for end milling of low-rigidity parts[J]. Journal of Materials Processing Technology, 2004, 153/154: 134 - 138.

[45] RATCHEV S, LIU S, HUANG W, et al. An advanced FEA based force induced error compensation strategy in milling[J]. International Journal of Machine Tools and Manufacture, 2006, 46(5): 542 - 551.

[46] 武凯, 何宁, 姜澄宇, 等. 立铣空间力学模型分析研究[J]. 南京航空航天大学学报, 2002, 34(6): 553 - 556.

[47] 武凯, 何宁, 姜澄宇, 等. APDL 在立铣受力变形分析中的应用[J]. 机械科学与技术, 2002, 21(6): 885 - 887.

[48] 赵威, 何宁, 武凯. 航空薄壁件的刀具偏摆数控补偿加工技术[J]. 机械制造与自动化, 2002, 5: 18 - 20.

[49] 武凯, 何宁, 廖文和, 等. 薄壁腹板加工变形规律及其变形控制方案的研究[J]. 中国机械工程, 2004, 15(8): 670 - 674.

[50] 张智海, 郑力. 基于铣削力/力矩模型的铣削表面几何误差模型[J]. 机械工程学报, 2001, 37(1): 6 - 10.

[51] 黄志刚. 航空整体结构件铣削加工变形的有限元模拟理论及方法研究[D]. 杭州: 浙江大学, 2005.

[52] LAW K M Y, GEDDAM A. Error compensation in the end milling of pockets: a methodology [J]. Journal of Materials Processing Technology, 2003, 139: 21 - 27.

[53] CHO M W, SEO T I, KWON H D. Integrated error compensation method using OMM system for profile milling operation [J]. Journal of Materials Processing Technology, 2003, 136: 88 - 99.

[54] LANDON Y, SEGONDS S, MOUSSEIGNE M, et al. Correction of milling tool paths by tool positioning defect compensation[J]. Proceedings of the Institution of Mechanical Engineers, Part B: Journal of Engineering Manufacture, 2003, 217: 1063 - 1073.

[55] 郑联语, 汪叔淳. 薄壁零件数控加工工艺质量改进方法[J]. 航空学报, 2001, 22: 424 - 428.

[56] 刘艳明，程涛，左力，等. 机械加工中切削用量的 K-L 优化研究[J]. 华中理工大学学报，1996，5：50－52.

[57] KOPS L, VO D T. Determination of the equivalent diameter of an end mill based on its compliance[J]. Annals of the CIRP, 1990, 39(1)：93－96.

[58] 乔咏梅，张定华，张淼，等. 数控仿真技术的回顾与评述[J]. 计算机辅助设计与图形学报，1995，7(4)：311－315.

[59] 林兰芬，董金祥，何志均. 计算机仿真技术在模具数控加工中的应用[J]. 模具工业，1997，198(8)：10－13.

[60] 冯裕强，雷保珍. NC 铣削加工过程的仿真及其实现[J]. 华北工学院学报，1999，20(2)：151－154.

[61] SUH S H, CHO J H, HASCOET J Y. Incorporation of tool deflection in tool path computation：simulation and analysis[J]. Journal of Manufacturing Systems, 1996, 15(3)：190－199.

[62] LIM E M, MENQ C H. Integrated planning for precision machining of complex surfaces-part 1：cutting path and federate optimization[J]. Int J Mach Tools Manufact, 1997, 37(1)：61－75.

[63] KRISHNAKUMA R K, MELKOTE S N. Machining fixture layout optimization using the genetic algorithm[J]. Int J Mach Tools & Manuf, 2000, 40(4)：579－598.

[64] KRISHNAKUMA R K, SATYANARAYAN A S, MELKOTE S N. Iterative fixture layout and clamping force optimization using the genetic algorithm[J]. J Manuf Sci Eng, 2002, 124 (1)：191－125.

[65] VALLAPUZHA S, METERE C DE, SHABBIR C, et al. An investigation of the effctiveness of fixture layout optimization methods[J]. Int J Mach Tools & Manuf, 2002, 42 (2)：251－263.

[66] VALLAPUZHA S, METERE C D. An investigation into the use of spatial coordinates for the genetic algorithm based solution of the fixture layout optimization problem[J]. Int J Mach Tools & Manuf, 2002, 42(2)：265－275.

[67] 董辉跃，柯映林. 铣削加工中薄壁件装夹方案优选的有限元模拟[J]. 浙江大学学报（工学版），2004，38(1)：17－21.

[68] 秦国华，张卫红，万敏. 基于线性规划的工件稳定性建模及其应用[J]. 机械工程学报，2005，41(9)：33－37.

[69] 周孝伦，张卫红，秦国华，等. 基于遗传算法的夹具布局和夹紧力同步优化[J]. 机械科学与技术，2005，24(3)：340－342.

[70] 岩部洋育. High accurate machining of thin wall shape workpiece by end milling[J]. 日本机械学会论文集(C 编)，1999，65(632)：415－420.

[71] ONG S K. Application of fuzzy set theory to setup planning[J]. Annals of the CIRP, 1994, 43(1)：137－144.

[72] HIROSHI S. Automatic setup planning and fixture design for machining[J]. Journal of manufacturing systems, 2003,11(1)：30－37.

［73］ TERAMOTO K. Coordinative generation of machining an fixturing plans by a Modularized problem solver［J］. Annals of the CIRP, 1998, 47(1): 437 - 440.

［74］ MENASSA R J. Optimization methods applied to selecting support positions in fixture design ［J］. Journal of Engineering for Industry, 1991, 113: 412 - 418.

［75］ HARUKI O, TAKAHIRO WA , TSUYOSHI O. A method to machine three-dimensional thin parts［M］. Boston: Kluwer Academic Publishers, 2000.

［76］ LIU S G, ZHENG L, ZHANG Z H, et al. Optimal fixture design in peripheral milling of thin-walled workpiece［J］. International Journal of Advanced Manufacturing Technology, 2006, 28(2): 653 - 658.

［77］ LIU S G, ZHENG L, ZHANG Z H. Optimization of the number and positions of fixture locators in the peripheral milling of a low-rigidity workpiece［J］. International Journal of Advanced Manufacturing Technology, 2007, 33: 668 - 676.

第2章 薄壁结构零件精确铣削力模型的建立

【内容提要】 精确切削力模型的建立是加工变形预测的前提,而切削力系数是力模型的核心,同时实验数据的合理处理也是切削力模型预测精度的保证。针对航空薄壁零件常用的立铣加工形式,首先在斜角切削理论的基础上,根据刀齿周向微分段的立铣切削力模型并结合薄壁结构零件加工的大轴向特点,考虑切削过程的尺寸效应,将切削力系数建模分为三个区域,建立了考虑刀具切削位置、转速及平均切屑厚度的切削力系数预测模型。针对薄壁结构零件的不同加工区域,应用相应的分区建模方法,可以大大提高变形误差预测模型的精确度。其次对铣削力进行了分类,提取了切削力分析指标,得到了实际切深的计算方法。然后针对实验处理过程中存在的两类错误进行了总结与修正,并进行了实验验证。最后,组织了单因素实验。

2.1 引 言

在切削过程中,切削力直接影响刀具磨损、破损、使用寿命、加工精度和已加工表面质量。在生产中,切削力是计算切削功率、制定切削用量的必要依据。如第1章中所述,在薄壁结构零件加工变形分析中,切削力及其分布是最重要的影响因素。因此,本章将切削力理论分析和立铣加工力学的综合分析与建模及切削实验作为研究工作的起点。薄壁结构零件加工变形预测研究所关注的切削力的精确计算,更多注重于切削力预测模型得到后,如何精确预测切削力的问题,例如考虑刀具偏心,工件/刀具的变形,等等,这是一种先验的建模方法。而本书充分考虑后验数据,从切削力模型的本身出发,考虑薄壁结构零件加工的特点,通过切削力系数的分区建模,在切削力分类基础上,将平均切屑厚度、瞬时切削位置的计算等考虑到切削力预测模型中,同时考虑实验数据处理的合理性,从根本上提高了模型的预测精度。由于立铣加工在航空薄壁结构零件加工中具有的普遍性,以下研究针对立铣展开。

2.2 斜角切削理论

切削加工可以分为直角和斜角切削两种,直角切削是被垂直于刀具/工件相对运动方向的切削刃切除的,而斜角切削切削速度与切削刃之间有一刃倾角 γ 存在,如图 2-1 所示。

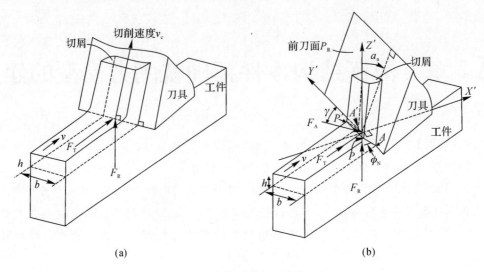

(a)   (b)

图 2－1　直角和斜角切削的对比

（a）直角切削；（b）斜角切削

　　大多数切削加工是三维斜角切削，铣削加工虽属断续切削，但是就局部的切削微元而言，其切削力的计算可按斜角切削进行分析，如图 2－2 所示。

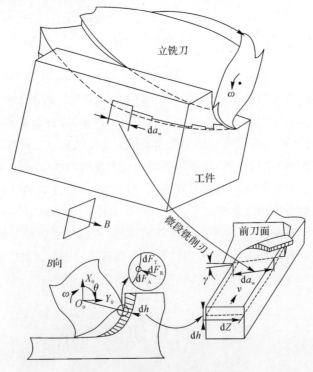

图 2－2　立铣加工等效斜角切削

　　Merchant 斜角切削模型把切削层转变为切屑的形成过程，处理为切削层材料通过某一剪切平面时发生剪切而变形为切屑的过程。在图 2－1 所示的斜角切削过程中，平面 $PAA'P'$ 表示剪切平面，由图 2－1 可给出剪切面的剖面积 A_S 的计算表达式：

$$A_S = \frac{bh}{\cos\lambda \cdot \sin\phi_N} \qquad (2-1)$$

式中：b——切削宽度；

　　　h——瞬时未变形切屑厚度；

　　　ϕ_N——刀具法向剪切角。

由图 2-3 可知，从几何的观点，剪切力可以表示为切削力合力 F 在剪切方向的投影：

$$F_S = F[\cos(\varphi_N + \phi_N)\cos\phi_i\cos\varphi_i + \sin\phi_i\sin\varphi_i] \qquad (2-2)$$

式中：F——切削合力；

　　　φ_i——F 与其在 P_N 上的投影间的夹角；

　　　φ_N——X' 轴与 F 在 P_N 上的投影间的夹角；

　　　ϕ_N——法向剪切角，即剪切平面与 $X'OY'$ 平面间的夹角；

　　　ϕ_i——倾斜剪切角，即剪切速度方向同 P_S 与 P_N 两面交线的夹角。

F_S 可表示为剪应力和剪平面面积的乘积（见图 2-3）：

$$F_S = \tau_S A_S = \tau_S \frac{bh}{\cos\lambda \cdot \sin\phi_N} \qquad (2-3)$$

式中：τ_S——剪切应力。

结合式（2-2）和式（2-3），可以得到 F 的计算表达式：

$$F = \frac{\tau_S bh}{[\cos(\varphi_N + \phi_N)\cos\phi_i\cos\varphi_i + \sin\varphi_i\sin\phi_i]\cos\lambda \cdot \sin\phi_N} \qquad (2-4)$$

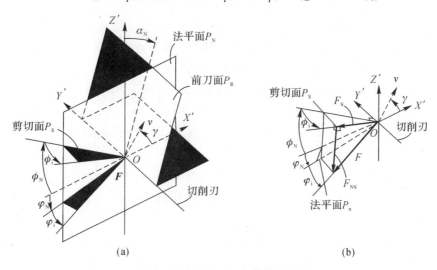

图 2-3　斜角切削中的几何关系

(a)切削角度的关系；(b)切削力的关系

切削力分量是切削合力 F 的投影。切削力在切削速度方向（F_T）、进给方向（F_F）和法向（F_R）的分力为

$$\left.\begin{aligned}
F_T &= F(\cos\phi_i\cos\varphi_N\cos\lambda + \sin\varphi_i\sin\lambda) \\
F_R &= F\cos\phi_i\sin\varphi_N \\
F_T &= F(\sin\phi_i\cos\lambda - \cos\phi_i\cos\varphi_N\sin\lambda)
\end{aligned}\right\} \qquad (2-5)$$

将式（2-4）代入式（2-5）得到下列习惯表达式：

$$F_T = K_T bh$$
$$F_R = K_R bh$$
$$F_A = K_A bh$$
$$(2-6)$$

式(2-6)中由剪切作用产生的相应切削力系数为

$$K_T = \tau_S \frac{\cos\varphi_N + \tan\varphi_i \tan\lambda}{[\cos(\varphi_N + \phi_N)\cos\phi_i + \tan\varphi_i \sin\phi_i]\sin\phi_N}$$

$$K_R = \tau_S \frac{\sin\varphi_N}{[\cos(\varphi_N + \phi_N)\cos\phi_i + \tan\varphi_i \sin\phi_i]\cos\lambda \sin\phi_N}$$

$$K_A = \tau_S \frac{\tan\varphi_i - \cos\varphi_N \tan\lambda}{[\cos(\varphi_N + \phi_N)\cos\phi_i + \tan\varphi_i \sin\phi_i]\sin\phi_N}$$

$$(2-7)$$

系数(K_T, K_R, K_A)跟工件的材料特性参数、刀具几何结构参数、弹塑性变形参数以及切削过程参数有关。

若要解析地从式(2-7)求得(K_T, K_R, K_A)的值,需要预先知道以上四类参数的值,其中剪切角和剪切应力的预测需要做大量的实验,并建立切削参数的经验公式,但是精确度并不高。工程应用中,一般假设切削力系数(K_T, K_R, K_A)为常数,或者将切削力系数(K_T, K_R, K_A)以平均切屑厚度$\bar{h}$的指数形式表达为如下非线性形式:

$$K_T = k_T \bar{h}^{-p}$$
$$K_R = k_R \bar{h}^{-g}$$
$$K_A = k_A \bar{h}^{-m}$$
$$(2-8)$$

然后由实验标定其中的系数。

为了更精确地预测切削力,Kline等人将切削力系数表达为多项式形式:

$$K_T = b_0 + b_1 n + b_2 f_Z + b_3 d_a + b_4 d_r + b_{22} f_Z f_Z + b_{33} d_a d_a +$$
$$b_4 4 d_r d_r + b_{12} n f_Z + b_{23} f_Z d_a + b_{24} f_Z d_r + b_{34} d_a d_r \quad (2-9a)$$

$$K_R = c_0 + c_1 n + c_2 f_Z + c_3 d_a + c_4 d_r + c_{22} f_Z f_Z + c_{33} d_a d_a +$$
$$c_{44} d_r d_r + c_{12} n f_Z + c_{23} f_Z d_a + c_{24} f_Z d_r + c_{34} d_a d_r \quad (2-9b)$$

$$K_A = d_0 + d_1 n + d_2 f_Z + d_3 d_a + d_4 d_r + d_{22} f_Z f_Z + d_{33} d_a d_a +$$
$$d_{44} d_r d_r + d_{12} n f_Z + d_{23} f_Z d_a + d_{24} f_Z d_r + d_{34} d_a d_r \quad (2-9c)$$

式(2-9)中:$b_0 \sim b_3$, $b_{22} \sim b_{44}$, b_{12}, b_{23}, b_{24}, b_{24}……——相关系数;

n——转速;

f_Z——每齿进给量;

d_a——轴向切深;

d_r——径向切深。

式(2-9)中各系数由实验并经由统计方法得到。

如前所述,铣削过程可以基于斜角切削理论进行分析,为了方便切削力的计算、提高精度并进行快速的数值计算,同时考虑到薄壁结构零件加工特点,切削力模型的建立过程可以由以下几个步骤来完成:

(1)铣削力的力学分析及适合于数值计算的离散模型建立;

(2)考虑薄壁结构零件加工大轴向切深特点的精确切削力系数的计算;

(3)切削过程分类及实际切深的计算;

(4)精确的切削力系数计算模型的建立及其实验确定。

根据以上 4 个步骤,研究了切削过程的分类与实际切深的提取,以及针对薄壁结构零件加工的两类错误的修正等关键技术。切削力模型精确建立过程如图 2-4 所示。

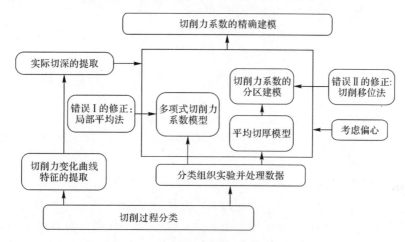

图 2-4　切削力模型预测精度的提高过程

通过相应关键技术解决可以较高地提高预测精度,以下分别予以详细论述。

2.3　立铣加工的力学分析及建模

2.3.1　铣削过程分析及建模

切削力的大小与切削面积及切削位置等有关。考虑一单齿顺铣切削过程,图 2-5 所示为某一瞬时铣削状态及力的分布图。在不同时刻,刀齿与工件的接触线沿 A 向移动至不同位置,铣削力的分布状态也随之发生改变。各切削用量都对铣削力的分布产生影响。径向切深 d_r 及每齿进给主要影响切削厚度 t_c,t_c 随 d_r 及每齿进给量 f_z 的增大而增大($d_r<$ 刀具半径 R 时),最终引起切削力的增大。从图 2-5 所示的瞬时可以看出,随切削面积的变化,切削力先增大,后保持最大值不变,再减小,到 G 点切出刀具/工件接触区域。

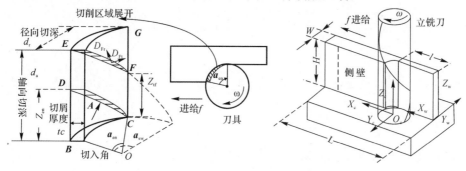

图 2-5　瞬时铣削力空间分布图

Z_{en}表示铣刀螺旋线在切入角范围内于垂直方向Z_c向的投影距离,其计算表达式为

$$Z_{en} = \alpha_{en}R/\tan\alpha_{hx} \qquad (2-10)$$

式中:α_{hx}——刀具螺旋角;

α_{en}——切入角。

且有

$$\alpha_{en} = \arccos(1 - d_r/R) \qquad (2-11)$$

α_{sw}是刀具在轴向切深范围内旋转扫过的角度,称之为扫略角,计算表达式为

$$\alpha_{sw} = d_a\tan\alpha_{hx}/R \qquad (2-12)$$

Z_{tf}表示铣刀相邻两螺旋刃在垂直方向Z_c向的距离,其计算表达式为

$$Z_{tf} = \alpha_t R/\tan\alpha_{hx} \qquad (2-13)$$

式中:α_t——每齿空间角,$\alpha_t = 2\pi/z$;

z——刀具齿数。

切削力的大小与总的切削面积有关,为方便分析,将总的切削面积划分为图2-6所示微单元,通过计算所有处在切削区域的每个单元受力状况,即可获得铣削力的空间分布状态。将所有处在切削区域的单元力相加,即得到总的切削力。基于斜角切削理论并参考相关文献,对于某一轴向微单元,其瞬时切向、径向以及轴向切削力可由下式表示(见图2-7)[与式(2-6)相似]:

$$\begin{bmatrix} dF_T \\ dF_R \\ dF_A \end{bmatrix} = \begin{bmatrix} K_T d_z t_c(i,j,k) \\ K_R dF_T \\ K_A dF_T \tan\alpha_{hx} \end{bmatrix} \qquad (2-14)$$

式中:d_z——刀齿微单元$i(i,j,k)$对应的切削宽度;

t_c——瞬时未变形切屑厚度(很明显,$d_z = L/N$);

K_T,K_R,K_A——切削常量。

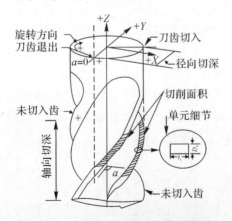

图2-6 立铣刀几何参数及微分建模

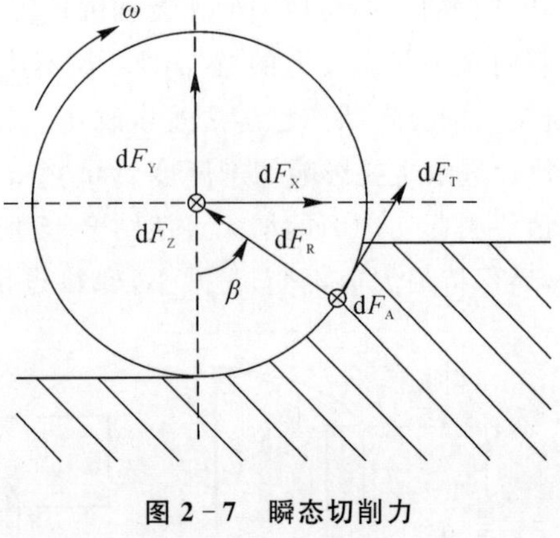

图2-7 瞬态切削力

设刀具齿数为z,则每齿角度空间为

$$\gamma = 360°/z \qquad (2-15)$$

刀具所处的空间位置用$\theta(j)$来表示:

$$\theta(j) = j(\gamma/N_\theta) \qquad j = 1,2,3,\cdots,N_\theta \qquad (2-16)$$

式中: N_θ——对每齿角度空间划分的角度增量数目。

对于在第 j 个角度位置,第 k 个刀齿上第 i 个微单元的切削厚度可表示为

$$t_c(i,j,k) = f_z \sin[\beta(i,j,k)] \tag{2-17}$$

其中

$$\beta(i,j,k) = [-\theta(j) + \gamma(k-1)] + i \times D_z \tan\alpha_{hx}/R \tag{2-18}$$

式中: f_z——每齿进给;

$\beta(i,j,k)$——当刀具处于第 j 个角度增量位置时,第 k 个刀齿上第 i 个微单元所处的空间角度。

为计算方便,将单元力分解到如图 2-8 所示的刀具进给 X_w 向和工件法向 Y_w 向:

$$\begin{bmatrix} dF_X \\ dF_Y \\ dF_Z \end{bmatrix} = \begin{bmatrix} dF_T \cos\beta(i,j,k) - dF_R \sin & \beta(i,j,k) \\ dF_T \sin\beta(i,j,k) + dF_R \cos & \beta(i,j,k)_T \\ K_A dF_T \tan\alpha_{hx} \end{bmatrix} \tag{2-19}$$

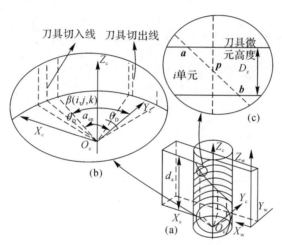

图 2-8　齿微元切入区域的修正

在铣削过程中,刀刃接触工件的轴向长度一般不会是刀齿微元的整数倍,如图 2-8 刀齿微元 i 的 ap 段没与工件接触,但 pb 段与工件接触。因此,式(2-19)必须乘以一个比例因子,来决定单元的切削状态:

$$\mu(i,j,k) = \begin{cases} 1 & \alpha_{ex} < \beta(i,j,k) \leqslant \alpha_{en} - \theta_D \\ \dfrac{\alpha_{en} - \beta(i,j,k)}{\theta_D} & \alpha_{en} - \theta_D < \beta(i,j,k) < \alpha_{en} \\ 0 & 其他 \end{cases} \tag{2-20}$$

式中: α_{ex}——刀具的切出角,顺铣时保持为 0;

θ_D——一刀齿微元所占空间角[见图 2-8(b)]。

注意: $\beta(i,j,k)$ 必须处于下面角度范围,否则,此单元处于非切削状态。

$$\alpha_{ex} < \beta(i,j,k) < \alpha_{en} \tag{2-21}$$

顺铣时 $\alpha_{ex}=0$,逆铣时 $\alpha_{en}=0$。

将图 2-6 所有参与切削的刀具微元切削力叠加并对每一个旋转角度求平均,得到平均切削力:

$$\overline{F_X} = \sum_{j=1}^{N_\theta} \sum_{i=1}^{N_Z} \sum_{k=1}^{N_f} \left\{ \begin{array}{l} -K_R K_T D_z f_z \sin^2[\beta(i,j,k)] \\ +K_T D_z f_z \cos[\beta(i,j,k)]\sin[\beta(i,j,k)] \end{array} \right\} \mu(i,j,k)/N_\theta \quad (2-22a)$$

$$\overline{F_Y} = \sum_{j=1}^{N_\theta} \sum_{i=1}^{N_Z} \sum_{k=1}^{N_f} \left\{ \begin{array}{l} K_R K_T D_z f_z \sin[\beta(i,j,k)]\cos[\beta(i,j,k)] \\ +K_T D_z f_z \sin^2[\beta(i,j,k)] \end{array} \right\} \mu(i,j,k)/N_\theta \quad (2-22b)$$

$$\overline{F_Z} = \sum_{j=1}^{N_\theta} \sum_{i=1}^{N_Z} \sum_{k=1}^{N_f} (K_A K_T D_z f_z \sin[\beta(i,j,k)]\tan\alpha_{hx}\mu(i,j,k)/N_\theta \quad (2-22c)$$

由以上的平均力模型可以得到对应改组切削力的切削力系数的求解式为

$$\begin{bmatrix} K_T \\ K_R \\ K_A \end{bmatrix} = N_\theta \begin{bmatrix} B_1 & -B_2 & 0 \\ -B_2 & -B_1 & 0 \\ 0 & 0 & B_3 \end{bmatrix}^{-1} \begin{bmatrix} \overline{F_X} \\ \overline{F_Y} \\ \overline{F_Z} \end{bmatrix} \quad (2-23)$$

其中

$$\begin{cases} B_1 = \sum_{j=1}^{N_\theta} \sum_{i=1}^{N_Z} \sum_{k=1}^{N_f} \{D_z f_Z \sin^2[\beta(i,j,k)]\} \\ B_2 = \sum_{j=1}^{N_\theta} \sum_{i=1}^{N_Z} \sum_{k=1}^{N_f} \{D_z f_Z \sin[\beta(i,j,k)]\cos[\beta(i,j,k)]\} \\ B_3 = \sum_{j=1}^{N_\theta} \sum_{i=1}^{N_z} \sum_{k=1}^{N_f} [D_z f_Z \sin\beta(i,j,k)\tan\alpha_{hx}] \end{cases}$$

2.3.2　切削力系数模型

由平均力表达式(2-22)可知,切削力系数 K_T, K_R, K_A 是未知量,也是预测铣削力的基本核心。在预测铣削力的过程中,切削力系数不但扮演关键的角色,而且反映出刀刃与工件材料的互动关系,在加工的过程中如能掌握切削力系数的动态信息即可进一步了解材料的切削特性并可监控刀具的磨耗情形。

1.平均切屑厚度 $\overline{t_c}$ 的指数模型

$$\left. \begin{array}{l} K_R = M_R(\overline{t_c}) P_r \\ K_T = M_T(\overline{t_c}) P_T \end{array} \right\} \quad (2-24)$$

而平均厚度的计算式为

$$\overline{t_c} = \frac{\sum f_Z \sin\beta(i,j,k)}{N} = \frac{\int_{d_{ex}}^{d_{en}} f_Z \sin\beta \mathrm{d}\beta}{\alpha_{en} - \alpha_{ex}} = \frac{f_Z d_r}{R\alpha_{en}} = \frac{f_Z d_r}{R\arccos(1 - d_r/R)} \quad (2-25)$$

式中:N——所有切入区刀齿单元的总数。

2.多项式的切削力系数预测模型

Kline 和武凯的研究表明,K_T, K_R, K_A 与各切削用量 n, f_Z, d_a, d_r 符合多项式关系模型,通过回归方程的最优选择,最终建立的 K_T, K_R, K_A 关于切削用量的多项式模型见式(2-6)。

薄壁结构零件加工变形的预测由于涉及烦琐的有限元迭代运算,故多用平均切屑厚度模型,且使用统一的切削力系数预测模型及铣削力模型,即切削力在刀具/工件材料及几何条件一定的情况下仅随平均切屑厚度变化,而与切削位置和主轴转速无关。以上研究便把整个的切屑移除过程包括刀齿底刃效应混合在一起,成为一个统一的平均铣削力系数模型。实际切削过程中存在的尺寸效应和刀具底刃的切削作用,以及刀具转速对切削力的重要影响,使得对切削力系数的预测必须考虑切削位置和刀具转速的影响,同时薄壁结构零件加工的大轴向切深特点也需要充分考虑。

3. 切削力系数的分区建模理论

为了方便有效地进行切削力系数的预测,针对薄壁结构零件加工的大轴向切深的特点,先在三个不同的切削区域建立了包含切削位置信息的平均切屑厚度的计算方法。考虑切削过程的尺寸效应,将切削力系数进行分区建模,就其瞬时的切削力系数,建立了考虑刀具切削位置、转速及平均切屑厚度的切削力系数的预测模型。

如图 2 - 9 所示,在不同的切削区域 Z_A,Z_B 及 Z_C 其平均切屑厚度的计算方法也不同。其中,Z_{ZA},Z_{ZB} 及 Z_{ZC} 分别为切削位于三个分区时,表面生成点距离分区分界点 A,B 和 C 的 Z 向相对坐标。由图 2 - 9(d)可知,对于不同的切削位置,其总的切屑厚度及平均厚度都发生变化。

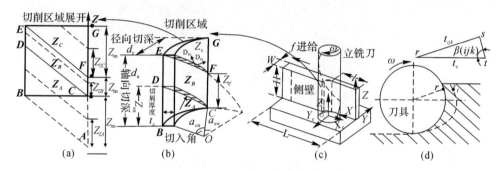

图 2 - 9　切削力系数的分区建模

(1)Z_A 区域:

$$\overline{t_A} = \frac{\int_{d_{stA}}^{d_{en}} f_Z \sin\beta(i,j,k)\,d\beta}{\alpha_{en} - \alpha_{stA}} \tag{2-26}$$

式中:α_{stA}——切削初始角度,且有

$$\alpha_{stA} = Z_{ZA}\tan\beta/R \tag{2-27}$$

(2)Z_B 区域:由于其总的切削面积及切削初始和切入角保持不变,所以有

$$\overline{t_B} = \frac{\int_0^{d_{en}} f_Z \sin\beta(ijk)\,d\beta}{\alpha_{en}} \tag{2-28}$$

(3)Z_C 区域:

$$\overline{t_C} = \frac{\int_{\alpha_{enC}\,0} f_Z \sin\beta(i,j,k)\,d\beta}{\alpha_{enC}} \tag{2-29}$$

式中:α_{enC}——瞬时切入角,且有

$$\alpha_{enC} = (Z_{en} - Z_{ZC})\tan\alpha_{hx}/R$$

而以前研究所采用的平均切屑厚度计算表达式如下:

$$\overline{t} = \frac{\int_0^{d_{en}} f_Z \sin\beta(i,j,k)\,d\beta}{\alpha_{en}} = \frac{f_Z d_r}{R\alpha_{en}} \tag{2-30}$$

可以看到对于不同区域应用以上统一的平均切厚模型必然产生计算上的错误。

为了考虑刀具旋转偏心对切削力的影响,需要引入变量偏心量 ρ 和偏心角 θ_p。这样,第 k 个刀齿的实际旋转半径 R 成为 ρ,θ_p 的函数,即 $R=R(\rho,\theta_\text{p},k)$。不同刀齿旋转半径的不同导致切削厚度的不均匀性,第 k 个刀齿切削厚度的计算表达式为

$$t_\text{c}(i,j,k) = f_z\sin[\beta(i,j,k)] + R(\rho,\theta_\text{p},k) - R(\rho,\theta_\text{p},k-1) \qquad (2-31)$$

可见,切削厚度的计算不仅要考虑每齿进给 f_z 的影响,还要考虑前一刀齿与本刀齿旋转半径之差的影响,求解各变量更为详细的算法见参考相关文献。将切削厚度 t_c 的变化代入上面切削力计算表达式中,即可将刀具旋转偏心对切削力的影响反映出来。而文献研究表明在多周旋转结束后,便可以得到收敛的名义切厚值。因此偏心的存在并不影响平均切屑厚度的计算。

针对以上得到的平均切厚计算模型,考虑主轴转速 n、刀具的切削位置 H_z,以及平均切屑厚度,提出了一个新的切削力系数预测模型:

$$\left.\begin{array}{l} K_\text{T} = k_\text{T}\,\bar{t}_\eta^{\,-p_1}\,n^{-p_2}\,H_{Z\eta}^{p_3} \\[4pt] K_\text{R} = k_\text{R}\,\bar{t}_\eta^{\,-q_1}\,n^{-q_2}\,H_{Z\eta}^{q_3} \\[4pt] K_\text{A} = k_\text{A}\,\bar{t}_\eta^{\,-m_1}\,n^{-m_2}\,H_{Z\eta}^{m_3} \end{array}\right\} \quad \eta = \left\{\begin{array}{ll} A & \text{切削 } A \text{ 区域} \\ B & \text{切削 } B \text{ 区域} \\ C & \text{切削 } C \text{ 区域} \end{array}\right\} \qquad (2-32)$$

其中 K_T,K_R,K_A 的值由实验经式(2-23)确定。

式(2-32)不同于文献中[见式(2-8)]的单一切屑厚度模型,而是全面考虑了切削过程中不同的切削区域不同的切削条件,不同的切削位置以及主轴转速对切削力系数的影响因素,而且并不用增加切削实验。

2.4　切削力分类及实际切深的计算

不同的切削力模型及相关切削常数的确定决定了铣削力的大小,如上所述国内外学者在相关领域已经进行了大量研究。但在预测切削常数的过程中,仅通过数学方法(或凭经验)组织实验、处理实验数据,并未将对切削常数有重要影响的切削加工过程考虑进去,而通过理论和实验研究可知,切削过程在不同的切深(径向和轴向切深)组合下会出现总是单齿切削、有时单齿有时多齿切削或者总是多齿同时参与切削的情况,在不同的切削情况下又有着不同的切削力变化,那么其切削力系数的预测方法也略有不同。更重要的是缺乏对切削过程有针对性的分析,并由针对性的组织实验、分析实验数据。

为了对切削过程进行全面的考察并方便切削力的分析,以及为了精确地组织实验和对实验数据结果进行分析、处理,以下总结了 6 种不同切深组合(径向和轴向切深的不同组合)下铣削力的变化规律,研究了切削力的分类并对切削过程进行了详细讨论。在切削力建模过程中基于平均力模型[见式(2-22)],根据实际的加工切深所属类型,合理组合切深进行实验并处理数据,以达到减小切削常数预测上的盲目性,进一步提高切削力模型预测精度的目的。

2.4.1　切削力分类

Sabberwal 以及 Tlusty 按刀具切入角和扫略角将切削力随刀具旋转角度的变化情况划分为两类,而未考虑大切深的情况;Yang 考虑 $d_\text{r} > R$ 的情况将切削力分为三类;武凯考虑径向

切深不变和轴向切深不变两种情况对切削力变化情况进行了分析。而根据实验得知一定刀具、材料下的切削力的变化主要由径向和轴向切深决定,按切深划分切削力类型,简单、清晰且更便于实际的工艺控制操作。更重要的是,以实际切深分类更便于实验的组织和数据的分析处理。以下详细讨论根据切深变化来划分切削类型的方法。

通过计算可知,在一般情况(铣刀齿数小于三齿)下 $Z_{en}<Z_{tf}$,下面以两齿铣刀为例,针对顺铣$(d_r<R)$进行分类研究。

(1)类型 I :轴向切深 $d_a<Z_{tf}-Z_{en}$ 且 $d_a<Z_{en}$。图 2-10(a)阴影部分表示切削面积。无论何时,只有一齿参与切削,且一齿回转周期内,有部分时间刀齿不与工件接触。刀齿从最下端 B 点处切入,随着切削长度的增加,切削力持续增大,到 D 点达到最大值;然后$\overline{DF}$段虽然切削长度不变但是切削厚度在减小,所以切削力也随着缓降至 F 点后,急剧减小为零,到 G 点刀刃切出工件。

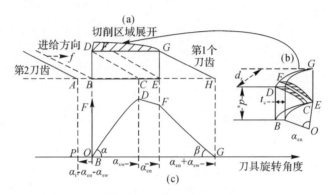

图 2-10　类型 I 切削力变化

图 2-10(c)为切削力随刀具旋转的变化曲线,它有四个特征角:①进入点到最大值点的角度差 α_{sw};②进入点与 F 点角度差 α_{en};③切出点与进入点角度差 $\alpha_{sw}+\alpha_{en}$;④两齿间隔 $\alpha_t-\alpha_{sw}-\alpha_{en}$。

(2)类型 II :$d_a<Z_{tf}-Z_{en}$ 且 $d_a>Z_{en}$。如图 2-11 所示,无论何时,只有一齿参与切削,且在一齿回转周期内,有部分时间刀齿不与工件接触。刀齿从最下端 B 点处切入,在 BD 段由于切削长度的增加,切削力持续增加。由于 $d_a>Z_{en}$,在$\overline{DF}$段切削面积保持不变,所以切削力在 D 点到达最大值后,有一段稳定时间,然后才下降。

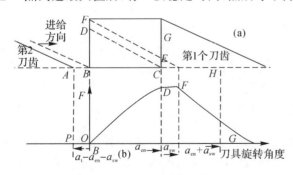

图 2-11　类型 II 切削力变化

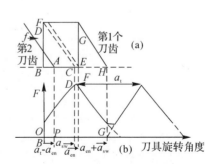

图 2-12　类型 III 切削力变化

(3)类型 III :$d_a>Z_{tf}-Z_{en}$ 但 $d_a<Z_{en}$ 且 $d_a<2Z_{tf}-Z_{en}$。如图 2-12 所示,在一齿回转周期内,

部分时间只有一齿在参与切削,部分时间有两齿同时在参与切削,任何时间刀齿都与工件接触,所以力最小值不为0。但由于$d_a<Z_{en}$,形同于类型Ⅰ,切削力到达最大值后,很快便下降。

(4)类型Ⅳ:$d_a>Z_{tf}-Z_{en}$,$d_a>Z_{en}$,且$d_a<2Z_{tf}-Z_{en}$。如图2-13所示,切削力变化曲线同类型Ⅱ,任何时间刀齿都与工件接触,所以力最小值不为0。在$\overline{DF}$段,总的切削面积不变,所以切削力到达最大值后,有一段稳定时间,然后才下降。

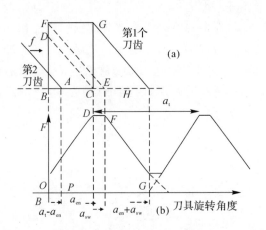

图2-13 类型Ⅳ切削力变化   图2-14 类型Ⅴ切削力变化

(5)类型Ⅴ:$d_a>2Z_{tf}-Z_{en}$,$d_a>Z_{en}$。如图2-14所示,无论何时,在一齿回转周期内,总有两齿同时在参与切削,且$d_a>Z_{en}$,切削力有一段稳定时间。

(6)类型Ⅵ:$d_a>2Z_{tf}-Z_{en}$,$d_a<Z_{en}$。切削形状同类型Ⅴ,但是$d_a<Z_{en}$,所以$\overline{DF}$段为切削力缓降。

需要指出的是,以上分析虽然针对的是顺铣过程,但是同样适合于逆铣过程的分析,分类方法也相同,只不过进给方向相反,对于顺铣的切入点B变成了逆铣的切出点。

$d_r>R$时的情况可以视为$O-R$段以及$R-d_r$段力的叠加。分析中应该注意,$R-2R$段属于逆铣过程,如图2-15所示。

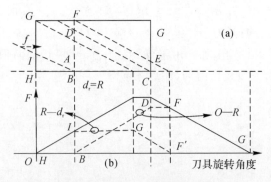

图2-15 $d_r>R$时切削力变化

另外,虽然以上仅对2齿铣刀进行了分析,但切削力的分类方法同样适合于多齿情况。图2-16清晰地表示了6类铣削模式的分类和径向及轴向切深的关系。其中径向切深d_r范围为$[0,2R]$。实线表示三齿时的分类情况,双点画线和虚线分别表示四齿以及两齿的分类。可以看出,随着齿数的增大,类型Ⅰ,Ⅱ和Ⅵ范围将明显减小,类型Ⅵ明显增大。4齿以上情况下,

$d_r/R>1$ 时,切削类型 I 就已经不存在了,而 $d_r/R<1$ 时甚至也可以出现类型 VI,另外当刀具刃长一定时,类型 V 的选择余地也增大了。对于两齿加工的情况,类型 VI 消失; $d_r<R$ 时类型 III 也没有了。还可以证明图 2-16 中三条竖直虚线,通过与齿数相对应的 $d_a=Z_{tf}-Z_{en}$ 与 $d_r=0$ 的交点以及 $d_a=Z_{en}$ 与 $d_a=2Z_{tf}-Z_{en}$ 的交点。

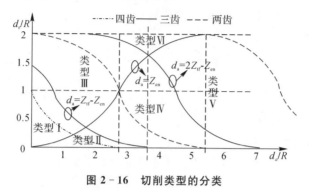

图 2-16　切削类型的分类

利用以上特征可以在不同的分类基础上,合理地安排实验并分析应用于切削力建模过程中。

2.4.2　切削力的交叠程度

切削过程中仅单齿参与的过程,前述分类法就可以唯一确定其切削力的变化。但有两齿同时参与切削的 III、IV、V、VI 情况比较复杂,需要进一步进行切削力交叠程度(Degree of Overlap,DOO)的分析。

考虑到切削力变化曲线的形状特征,切削力的交叠程度可以分为四类:无交叠(No Overlap,NO),发生在切削过程仅有一齿参与的情况;轻度交叠(Low Overlap,LO),上一齿切削力下降边与下一齿上升边交叠;中度交叠(Medium Overlap,MO),上一齿切削力下降边与下一齿下降边交叠;高度交叠(High Overlap,HO),上一齿切削力上升边与下一齿上升边也交叠。据此进一步将切削力细分为 10 类。图 2-17 表示的是一个 3 齿、30°螺旋角的铣刀切削力细分实例,两条虚直线 $d_r=(1-\cos\alpha_t)R$,$d_a=Z_{tf}$ 及实曲线 $d_a=Z_{tf}-Z_{en}$ 决定了交叠程度的定义。可以看出 LO 以及 NO 类型出现的概率很大,而 HO 出现的情况则极少,实际加工过程中应用的也多是 LO 和 NO 的类型。

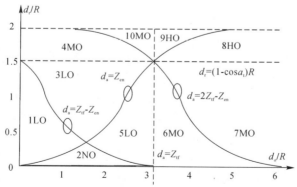

图 2-17　考虑交叠程度的切削力细分

2.4.3 切削力分析指标的提取

为了获得实际切深,从分析切削力曲线的形状特征入手,定义了以下几个切削力分析指标:

P_{VP}——切削力波峰和波谷之间的角度距离;

P_{AV}——刀具旋转两周的铣削平均力。

切削力指数 P_{AV} 和切深的关系可以由以下关系确定:

$$P_{AV} = Kd_r d_a \qquad (2-33)$$

切削力指标与切削过程中的实际切深有着密切的关系。以下就图 2-17 划分的 10 类切削力,分别讨论从切削力指标得到实际切深的方法。

1. 类型 I 和类型 II 的计算

由图 2-10 和图 2-11 可知,类型 I 和类型 II 指标计算表达式为

$$P_{VP} = \begin{cases} \alpha_{sw} & (d_r < R) \quad 类型 \ I \\ \alpha_{sw} - \dfrac{\pi}{2} & (d_r > R) \quad 类型 \ II \\ \alpha_{en} & (其余) \quad 类型 \ II \end{cases} \qquad (2-34)$$

2. 类型 III 的计算(见图 2-18)

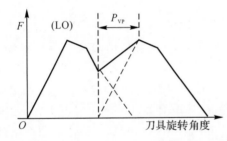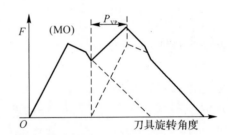

图 2-18 类型 III 的切削力指标

切削力指标及切削力特征角度的关系定义为

$$P_{VP} = \begin{cases} \alpha_{en} - \dfrac{\pi}{2} & (d_r > R, lo) \\ \alpha_{sw} & (其余) \end{cases} \qquad (2-35)$$

3. 类型 IV 的计算(见图 2-19)

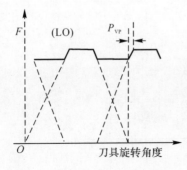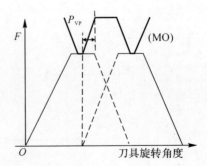

图 2-19 类型 IV 的切削力指标

指标计算表达式为

$$P_{VP} = \begin{cases} \alpha_t - \alpha_{sw} & \text{(LO)} \\ \alpha_{sw} - \alpha_t & \text{(MO)} \end{cases} \qquad (2-36)$$

4. 类型 V 的计算(见图 2-20)

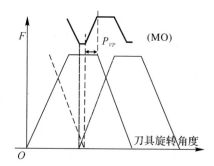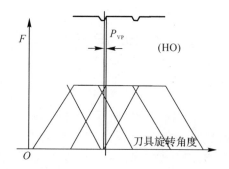

图 2-20　类型 V 的切削力指标

指标计算表达式为

$$P_{VP} = \begin{cases} \alpha_{sw} - 2\alpha_t + \alpha_{en} & (\alpha_{sw} - 2\alpha_t + \alpha_{en} > 0, \text{MO}) \\ \alpha_{sw} - \alpha_t & (\alpha_{sw} - 2\alpha_t + \alpha_{en} < 0, \text{MO}) \\ \alpha_{en} - \alpha_t & \text{(LO)} \end{cases} \qquad (2-37)$$

5. 类型 VI 的计算(见图 2-21)

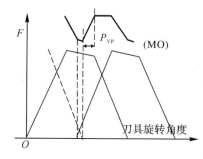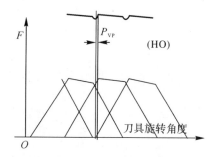

图 2-21　类型 VI 的切削力指标

指标计算表达式为

$$P_{VP} = \begin{cases} \alpha_{en} - 2\alpha_t + \alpha_{sw} & (\alpha_{en} - 2\alpha_t + \alpha_{sw} > 0, \text{MO}) \\ \alpha_{en} - \alpha_t & (\alpha_{en} - 2\alpha_t + \alpha_{sw} < 0, \text{MO}) \\ \alpha_{sw} - \alpha_t & \text{(LO)} \end{cases} \qquad (2-38)$$

2.4.4　实际切深的计算

切削力指标和切削力特征角度之间的关系可以由式(2-34)~式(2-38)确定,进一步由式(2-10)~式(2-12)可以得到实际切深的计算方法如下:

$$d_a = \alpha_{sw} R / \tan\alpha_{hx} \qquad (2-39)$$

$$d_r = R(1 - \cos\alpha_{en}) \qquad (2-40)$$

再结合下式便可以进行切削深度的计算：

$$P_{AV} = Kd_r d_a \qquad (2-41)$$

实际切深的预测可以用于估算变形误差及在线检测当中。

对切削力变化曲线特征的分析可以提供有力的分析加工工况的手段。

2.5　实际铣削力模型的实验确定及验证

对于一组实验,通过测量其平均力,代入式(2-23)中便可以得到 K_T, K_R, K_A,通过设计多组实验,并经回归分析便可建立式(2-9)、式(2-24)、式(2-32)中相关系数关于切削用量的预测模型。之后,运用此模型即可预测 X 向、Y 向、Z 向铣削力。

本节切削实验针对刀具材料 Y330(弹性模量 530 GPa),刀尖圆弧半径 1mm 的立铣刀(具体参数见表 2-1),工件材料 7050-T7451(弹性模量 71GPa),切削力测量采用 Kistler 9255B 三向测力仪,实验在 JOHNFORD VMC-850 三坐标数控铣床上进行(见图 2-22)。

表 2-1　刀具参数

刀具编号	齿数	螺旋角/(°)	直径/mm	法前角/(°)	后角/(°)
1	3	30	20	12	12
2	2	30	20	12	12
3	2	30	12	12	12

图 2-22　实验用测力仪、机床以及加工现场图

2.5.1　切削力系数的实验确定

多项式的切削力系数预测模型及平均切厚的计算模型,均被广泛采用,但是其误差仍然较大,并且以往的研究中对其剖析得不够深入,从而在模型的建立及计算过程中产生基本方法上的错误。以下先从分析此两类模型入手,同时讨论模型建立过程中产生的方法错误,并提出错误改正的方法。

建立切削力模型的步骤总结如图 2-23 所示。

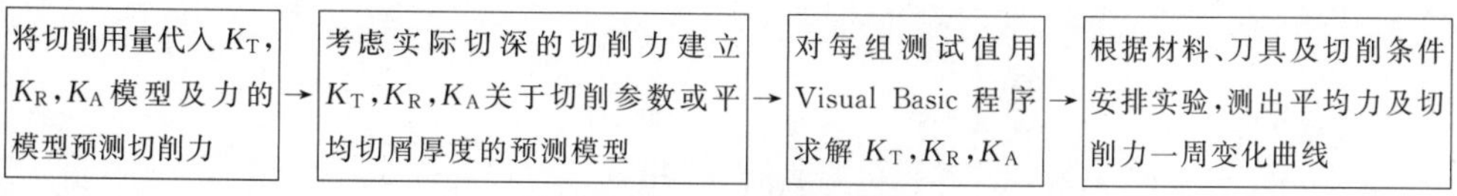

将切削用量代入 K_T, K_R, K_A 模型及力的模型预测切削力	→	考虑实际切深的切削力建立 K_T, K_R, K_A 关于切削参数或平均切屑厚度的预测模型	→	对每组测试值用 Visual Basic 程序求解 K_T, K_R, K_A	→	根据材料、刀具及切削条件安排实验,测出平均力及切削力一周变化曲线

图 2 - 23　建模流程图

通过编写的 Visual Basic(VB)程序可以批量得到每一测量实验数据的切削参数值,并进行回归分析后预测切削力,如图 2 - 24 所示。

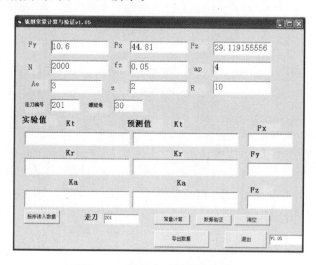

图 2 - 24　切削力系数的提取程序

2.5.1.1　多项式切削力系数的确定及其有效性验证

1.计算过程中常出现的错误:计算错误 Ⅰ

由于平均力计算模型中计算平均力将未参与切削的部分 j 旋转角度也包含了进去,而从斜角切削机理的推理中可以看到,切削力系数与未参与切削部分毫无关系,从而在预测过程中必然产生误差。

图 2 - 25 和图 2 - 26 给出了在 $n=5000r/\min,f_z=0.2mm/齿,d_a=14mm,d_r=1.5mm$ 下 $\varphi20$ 三齿和两齿刀具(见图 2 - 25)及 $\varphi12/\varphi20$ 两齿刀具(见图 2 - 26)切削力测量值的比较。由于切削走向的原因其切削力方向有所不同。

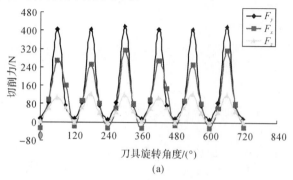

(a)

图 2 - 25　刀具半径(10mm)一定的情况下切削力的比较

(a)$\varphi20$ 三齿刀具

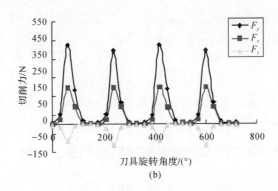

续图 2-25　刀具半径(10mm)一定的情况下切削力的比较

(b)$\varphi20$ 两齿刀具

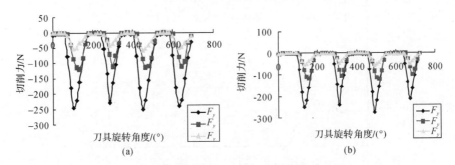

图 2-26　齿数(两齿)一定的情况下切削力的比较

(a)$\varphi12$ 两齿刀具;(b)$\varphi20$ 两齿刀具

由图 2-25 及图 2-26 可以得到以下结论:

(1)在刀具半径一定的情况,三齿和两齿(较多非切削区域)的同一切削参数组合下的切削力差距不大——当然不能因为齿数的增加而产生多齿切削情况;

(2)在齿数一定的情况下,刀具半径的减小(可以减小非切削区域的部分)也不影响切削力的大小。

可以看到,切削力系数与不参与切削部分是没有关系的,而未参加切削部分的参与致使平均切削力明显下降,以上两图平均力计算相差约 1.7 倍,从而计算得到的切削力系数也不可避免地产生了误差。该方法错误我们称为错误Ⅰ。

2.错误Ⅰ的改正:局部平均法

针对多项式预测模型,正确的计算平均力的方法是仅就实验数据的非零部分进行平均计算。将刀齿微元的空间角度由式(2-18)修改为

$$\beta(i,j,k) = \left[\alpha_{en} - \theta(j) + \gamma(k-1)\right] + iD_z\tan(\alpha_{hx})/R \qquad (2-42)$$

其中限制切削力的计算在 α_{in} 之内,如图 2-27 所示,且有

$$\alpha_{in} = \alpha_{en} + d_a\tan\alpha_{hx}/R$$

相应在 VB 程序中也将循环计算的上限做了修改。

那么,多项式的切削力系数的预测流程如下:先计算得到每一个实验数据的切削力总和,除以 α_{in} 内的取样点得到局部平均力,输入 VB 程序计算 α_{in} 内的各切削力系数,再进行回归分析,该方法我们称为局部平均法。

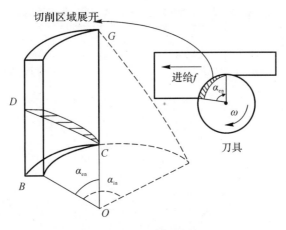

图 2 - 27　局部平均法

3. 多项式切削力系数的实验确定

为了进一步验证所提出的建立切削力模型的方法,以及验证切削力分类对于模型预测切削力的精确度,就表 2-1 中提供的 3 把刀具,对于每一把刀具的每一种切削力类型分别进行了 36 组正交切削力实验(4 因素旋转中心复合正交实验。对于机床状况较差或刀具质量不好的情况应该适当增加实验数,或对实验数据进行处理),仅将第三把刀具的 3 组切削常量模型常数的回归系数列于表 2-2(1 为逆铣,2,3 为顺铣)中。

表 2 - 2　切削力系数的确定

常量模型	1	2	3	常量模型	1	2	3
切削类型	1	2	4	切削类型	1	2	4
b0	5313	4532.7	−1.9E3	c0	−0.74	1.21	7.40
b1	−0.21	−0.062	0.43	c1	−6E−5	2.33E−5	−2.1E−4
b2	−46 103	−82 839	4.5E5	c2	5.69	−12.9	−318.2
b3	−55.5	34.717	−234.9	c3	0.066	−0.037	0.13
b4	−1132	−486.4	6.0E3	c4	0.68	0.16	−3.31
b12	0.794	0.482 7	−6.99	c12	0.001	−6E−4	0.004
b23	−1212	1799.6	−5645	c23	0.394	−0.04	6.52
b24	3489.5	3009.6	−8.2E4	c24	−3.67	0.99	38.96
b22	2.8E5	2.7E5	−8.6E5	c22	−21.03	75.47	442.39
b33	26.97	−5.689	−3.430	c33	−0.011	1.8E−3	−0.005 7
b44	180.25	−17.82	−577.8	c44	−0.079	−3.8E−3	0.286
b34	−68.5	25.003	−47.14	c34	0.017	−0.015	0.025

为验证模型的有效性,进行了另外 6 组实验,并将相关数据列于表 2-3 中,其中模型 1 为逆铣,2,3 为顺铣。预测结果与实验结果最大误差为 10.6%,误差较小,证明本书建立的切削力模型是正确的。

表 2 - 3   切削力测量值和预测值的比较

常量模型	切削用量/mm	预测切削力/N		测量值/N		误差/(%)		实验编号
	$d_a/d_r/f_z/n$	F_X	F_Y	F_X	F_Y	F_X	F_Y	
1	5/3.5/0.09/5000	103.16	33.99	95.71	31.125	7.6	9.2	1
	10/4/0.09/3000	182.54	70.04	178.88	65.11	2.0	7.6	2
2	20/1.5/0.09/2000	135.43	157.63	128.08	159.35	5.7	-1.1	3
	20/3.5/0.01/3000	29.98	97.29	26.11	103.77	10.6	-6.2	4
3	22/4/0.02/2000	66.42	208.56	62.49	201.45	6.3	3.5	5
	22/4.5/0.02/3000	67.02	231.13	64.32	224.5	4.2	2.95	6

图 2-28 给出了本书建立的局部平均的切削力模型 A 与考虑分类但未考虑实际切深的模型 B,以及不考虑切削力分类的模型(Kline)C,全局平均的切削力但考虑了实际切深和分类建立的模型 D 与测量值的比较(绝对值)。可以看出,模型 B 对于顺铣预测值偏大,逆铣预测值偏小,这是由于顺铣时 F_Y 有分离工件和刀具的作用,使得径向切深减小,而逆铣时 F_Y 方向相反,径向切深增大的原因,与"让刀""过切"相对应。模型 C 则整体精度较低,模型 D 在预测精度上除实验 4 外精度都较模型 B、模型 C 高,但是由于全局的平均力的计算及求解切削力系数的 VB 程序也用的是全局平均力模型,所以整体误差还是比较大,最大为 17.29%。模型 A 的精确度是最高的。

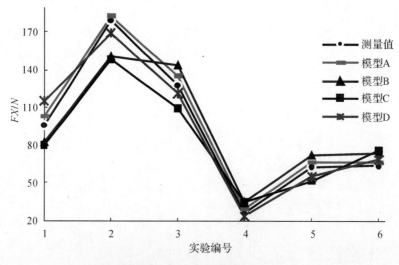

图 2-28   多项式的不同建模方法对比

2.5.1.2   平均切厚切削力系数确定及其有效性验证

1.平均切厚切削力系数的实验确定

对 2.3.2 节的式(2-24)两边求对数得

$$\begin{cases} \lg K_R = \lg M_R + p_r \lg \overline{t_c} \\ \lg K_T = \lg M_T + P_T \lg \overline{t_c} \end{cases}$$

实验得到的切削力求局部平均力，经 VB 程序采用平均力表达式求得对应每一组的切削力系数，通过 Excel 进行回归得到各系数常量。

2.计算过程中出现的错误：错误 Ⅱ

利用以上平均切厚计算模型得到的切削力误差较大，武凯给出的最大误差为 15.1%，而 Kline 等人给出的误差为 19.7%。

通过分析与实验研究，我们发现了利用平均切屑厚度模型计算切削力系数过程中的一个方法错误，即计算过程中平均切厚或平均力的计算方法错误。如前文所述，一般平均切厚的计算模型如下：

$$\overline{t_B} = \frac{\int_0^{\alpha_{en}} f_z \sin\beta(i,j,k)\,\mathrm{d}\beta}{\alpha_{en}} = \frac{f_z d_r}{R\alpha_{en}} \tag{2-43}$$

对于切削类型 Ⅱ，该式可以看作是 B 区域瞬时的切削厚度，而用于计算 A 区域、C 区域的平均切厚显然误差较大。而精确的平均切厚的计算模型如下：

$$\overline{t} = \frac{\int_{\alpha_{en}-\alpha_{in}}^{\alpha_{en}} \frac{\int_{\alpha_{st}}^{\alpha_{ex}} f_z \sin\beta(i,j,k)\,\mathrm{d}\beta}{\alpha_{ex}-\alpha_{st}}\,\mathrm{d}_a}{\alpha_{en}} \tag{2-44}$$

其中相关角度意义如图 2-29 所示。

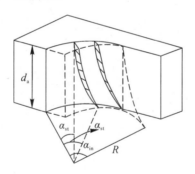

图 2-29　切厚的计算

切削厚度的计算错误，我们称之为错误 Ⅱ。

3.错误 Ⅱ 的改正：切削力移位法

精确的切厚计算表达式相当复杂，为了简化计算过程，同时保证计算精确，如图 2-30 所示，可以将平均切厚$\overline{t_B}$视作将 A 区域挪到 C 区域上面的切削效果。叠加后的切厚计算如图 2-30(b)所示。其平均切厚的计算可由式(2-43)表示。但是必须注意 A 区域与 C 区域合并后其切削力也合并在了一起，如图 2-30 切削力部分所示，原来的切削力计算时间 3t 变为 2t，那么用原来的 3t 时间内的平均切削力来计算切削力系数显然是错误的，这也证明用式(2-43)表示切厚的计算过程确实会存在误差。所以如果用$\overline{t_B}$的计算表达式，必须修改平均切削力为 2t 时间内的平均。如此得到的平均力可以预见将大于错误 Ⅱ 中的平均力。

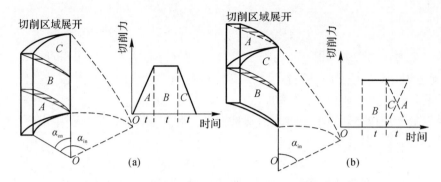

图 2-30　实际加工过程及等效的平均切厚计算模型

刀具 2 顺铣时各种方法得到的平均力见表 2-4。

表 2-4　不同方法得到的平均切削力

平均切屑厚度	切削用量/mm	平均力 1	平均力 2	平均力 3	B、C 区分界处瞬时力
	$d_a/ d_r/ f_z/n$	$F_X/F_Y/ F_Z$			
0.037 7	22/3/0.1/2000	169.77/317.39/−83.04	234.6/440.71/−92.31	415.73/787.74/−175.06	390.983/734.519/−180.512
$K_R/K_T/K_A$		0.621/1478.71/0.463	0.62/1347.81/0.37	0.620/1467.01/0.397	0.621/1383.14/0.434

注：平均力 1 为对整个切削周期(包括无刀齿参与切削的部分)的平均;平均力 2 为仅对参与切削的部分求得的平均;平均力 3 为将 A 及 C 区叠加后得到的平均力。B、C 区分界处为最大的切削力发生位置。

可以看到不同的计算方法得到的平均力及切削力系数都不尽相同。

2.5.1.3　分区切削力系数确定及其有效性验证

对式(2-32)求对数，得线性方程为

$$\ln K_T = \ln k_T + (-p_1)\ln \overline{h}_\eta + (-p_2)\ln n + p_3 \ln H_{Z\eta}$$
$$\ln K_R = \ln k_R + (-q_1)\overline{h}_\eta + (-q_2)\ln n + q_3 \ln H_{Z\eta} \quad \left. \right\} \quad \eta = \left\{ \begin{array}{ll} A & \text{切削 } A \text{ 区域} \\ B & \text{切削 } B \text{ 区域} \\ C & \text{切削 } C \text{ 区域} \end{array} \right\}$$
$$\ln K_A = \ln k_A + (-m_1)\ln \overline{h}_\eta + (-m_2)\ln n + m_3 \ln H_{Z\eta}$$

$$(2-45)$$

切削力的计算采用 2.3 节瞬时切削力表达式，不同的 j 对应不同的切削位置，而 VB 程序采用的切削力表达式采用求和表达式。

表 2-5　大切深实验设计表

$n/(\text{r} \cdot \text{min}^{-1})$	$f_Z/(\text{mm} \cdot z^{-1})$	d_a/mm	d_r/mm
1000	0.01	5	0.5
3000	0.04	10	1.5
5000	0.06	22	3
7000	0.1	27	6

针对表 2-1 中的 2 号刀具,组织了 4 因素(d_r,d_a,f_z,n)4 水平的正交切削力实验(见表 2-5),经 VB 程序得到切削力系数后,在 Excel 下进行回归分析,得到了切削力系数模型常量(见表 2-6,由于 B 区域切削面积保持不变,所以对应 p_3 及 q_3 为 0)。

表 2-6　切削力系数模型常量

区域	k_T	k_R	p_1	p_2	p_3	q_1	q_2	q_3
A	9.564E+09	1.004 073	2.351	0.033 2	$-0.010\ 2$	14.224 92	1.423 1	-0.063
B	1.276 4E+11	0.735 032	14.050 4	1.546 67	0	2.614 503	$-0.038\ 9$	0
C	8.122E+09	0.854 2	2.632 4	0.030 1	$-0.021\ 1$	11.356 87	1.423 1	-0.051

2.5.2　切削力的预测

应用式(2-22)～式(2-25)对 2.5.1.1 节表 2-3 所提供的 6 组实验数据进行验证,如图 2-31 所示。

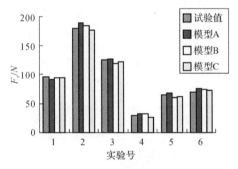

图 2-31　3 组模型的平均力预测

图 2-31 中,模型 A 为 2.5.1.1 节局部平均的多项式切削力模型,模型 B 为平均切厚模型,模型 C 为分区建模的切厚模型。可以看出,对于平均切削力的预测,3 个模型预测精度相差无几,模型 B 误差稍大,最大误差为 13.6%。

利用得到的分区切削力系数并通过 VB 程序得到第三组及第五组实验数据的切削力预测曲线,并与测量值进行对比,如图 2-32 所示。

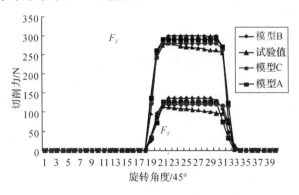

图 2-32　第三组实验数据的切削力变化曲线

对比 3 组平均切屑厚度切削力模型,可以看到模型 B 精度较差,而模型 A 和模型 C 预测精度都很好,但是在局部尤其在切削力的上升或下降段,模型 C 得到的切削力预测值精度更高。这是因为模型 C 考虑到了底刃切削效应及切削位置。在实验复杂程度上多项式建模要求实验数据较多,而模型 B、模型 C 则要求较少。对于大切深尤其是薄壁结构零件侧壁加工,精度要求较高,必须要求分区建模。多项式模型的平均效果较好,可以用到功率求解问题当中。

2.6 单因素切削力实验研究

为了进一步对切削力模型进行验证,同时为能从切削力的角度合理选取切削用量,需要清楚切削力随各切削用量的变化规律。同时为了验证切削力分类研究的合理性,为切削参数的优化选择打下基础,进行了如下铣削力单因素实验。

下面实验之中,铣削方式均为顺铣,实验用材料均为 7050 - T7451 合金,JOHNFORD VMC - 850 三坐标数控铣床干切削。针对薄壁结构零件加工问题,对侧壁和腹板加工变形起主要作用的是 Y 向力和 Z 向力,故主要研究这两个方向的力。实验采用直径为 20mm 和 12mm 的两齿刀具,螺旋角 30°,切削类型为 Ⅰ ~ Ⅳ 类。实验中测力均采用 KisTLer9255B 三向测力仪。

测力仪坐标系如图 2 - 33 所示。以下图中力的数据均为作用于工件上的力,坐标系以测力仪为参考。F_{Ymax} 表示 Y 向最大力,F_{Zmax} 表示 Z 向最大力。

图 2 - 33 测力仪的安装现场加工图

2.6.1 轴向切深 d_a 的单因素实验

刀具:硬质合金立铣刀,材料为 Y330 合金,直径为 12mm,螺旋角 α_{hx} 为 30°,两齿。实验参数:$n = 5000\text{r/min}, d_r = 6\text{mm}, f_z = 0.05\text{mm/齿}$。

1. 类型 Ⅰ、Ⅱ 和 Ⅳ

分别测量 $d_a = 1\text{mm}, 3\text{mm}, 5\text{mm}, 7\text{mm}, 9\text{mm}, 11\text{mm}, 13$(类型 Ⅰ),$15\text{mm}, 17$(类型 Ⅲ)$\text{mm}$,$19\text{mm}, 21\text{mm}, 23\text{mm}, 19\text{mm}, 22\text{mm}, 24\text{mm}$(类型 Ⅳ)时的铣削力,测量结果及模型计算结果如图 2 - 34 所示。

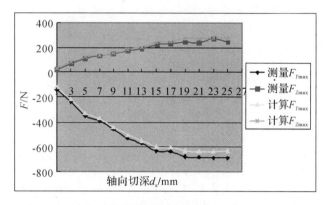

图 2 - 34　F_{Ymax} 和 F_{Zmax} 随 d_a 增大的变化趋势 ($d_r = 6\text{mm}$)

可以看出，F_{Ymax}，F_{Zmax} 随 d_a 的增大基本呈线性增大，这与理论分析一致。因为本实验径向切深 d_r 较大，相应的 $Z_{en} = 14.58$，$Z_{tf} = 18.06\text{mm}$（计算方法参见 2.3.1 节）也较大，所以随 d_a 的增加，最大切削面积在类型 I 中一直都在增大，F_{Ymax}，F_{Zmax} 也一直保持增大趋势。而 $d_a >$ 15mm 时，最大力趋于平缓，而当 $d_a > 17\text{mm}$ 时由于有两齿同时切削的情况发生，也就是进入类型 IV，力较前有所增大，但随后力基本不变，这是由于最大切削面积不变，F_{Ymax}，F_{Zmax} 也就保持不变的原因。这与力分类研究分析是一致的。

2. 类型 II

实验参数：$d_r = 0.5\text{mm}$，$f_z = 0.05\text{mm/齿}$，$n = 2000\text{r/min}$，d_a 取值为 7mm，10mm，13mm，16mm。测量结果及模型计算结果如图 2 - 35 所示。刀具参数同前。

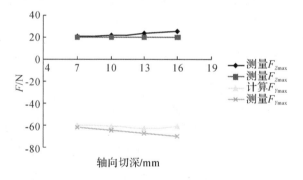

图 2 - 35　F_{Ymax} 和 F_{Zmax} 随 d_a 增大的变化趋势 ($d_r = 0.5\text{mm}$)

从图 2 - 35 可以看出，d_a 较小，所以切削类型始终处于类型 II ($Z_{en} = 4.27$)，最大切削面积基本不变，所以表现为 F_{Ymax}，F_{Zmax} 随 d_a 的增大而变化平缓，这与分类研究理论分析是一致的。可见，当 d_a 相对于 d_r 较大时，在铣削过程中有一段区间力会基本保持不变。

2.6.2　对径向切深 d_r 的单因素实验

刀具参数选择同前。

实验参数：$n = 2000\text{r/min}$，$d_a = 5\text{mm}$，$f_z = 0.05\text{mm/齿}$，分别测量 $d_r = 2\text{mm}$，4mm，6mm，8mm，10mm 时的铣削力。测量结果及模型计算结果如图 2 - 36 和图 2 - 37 所示。

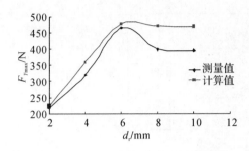 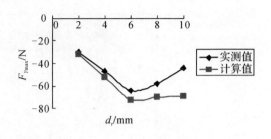

图 2 - 36　$F_{Y\max}$ 随 d_r 增大的变化趋势　　　图 2 - 37　$F_{Z\max}$ 随 d_r 增大的变化趋势 ($d_a = 3\text{mm}$)

可见，$F_{Y\max}$，$F_{Z\max}$ 当 $d_r < 6\text{mm}$ 时随 d_r 增大而增大，当 $d_r > 6\text{mm}$ 时随 d_r 增大而减小。从力的分类理论分析可知，在 $d_r > 6\text{mm}$ 后，最大切削面积只会小量增加，所以最大切削力不会增大，图 2 - 36 及 2 - 37 中的计算结果也表明了这一点，但并不能解释最大切削力减小的原因。武凯认为，造成 $F_{Y\max}$，$F_{Z\max}$ 减小的原因是：在 $d_r > 6\text{mm}$ 后，刀齿切入时由顺铣变为逆铣，切入时切削厚度变化由原来的从厚到薄变为从薄到厚，所以过渡平缓，冲击力减小，进而导致最大力反而减小。然而，本书认为由于切向和径向的切削分力发生变化，从而导致在 y 向和 z 向的合力由原来的相互叠加变为相互抵消效果的原因。

2.6.3　对 f_z 的单因素实验

刀具：硬质合金铣刀，刀具直径为 20mm，两齿。

实验参数为：$d_a = 17\text{mm}$，$d_r = 2.5\text{mm}$，$n = 2000\text{r/min}$，分别测量 $f_z = 0.075\text{mm/齿}$、0.1mm/齿、0.125mm/齿、0.15mm/齿 时的铣削力。测量结果及模型计算结果如图 2 - 38 及图 2 - 39 所示。

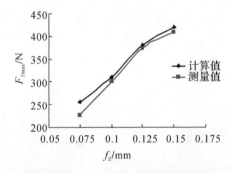 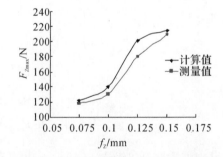

图 2 - 38　$F_{Y\max}$ 随 f_z 增大的变化趋势　　　图 2 - 39　$F_{Z\max}$ 随 f_z 增大的变化趋势

可以看出，随 f_z 增大，各向铣削力总体呈增大趋势。但铣削力的增加并不随进给量增加成比例增加。因为随进给量增大，切削厚度增大，所以切削面积增大，力会随之增大，但切削厚度增大的同时使变形系数减小，摩擦因数也降低，所以力的增大与进给量的增大不成比例。

单因素切削力实验的研究为后续章节切削参数的优化及误差补偿的研究提供了基本的参考。

2.7　本　章　小　结

切削力作为薄壁结构零件加工变形预测的基础,必须先得到精确的预测。本章主要进行了以下几方面的研究工作:

(1)基于斜角切削理论及平均铣削力模型,通过对比两类切削力系数模型,对于大轴向切深的薄壁结构零件加工建立了包含平均切屑厚度、刀具转速、切削位置的切削力系数预测模型,得到了一个精确的切削力系数计算模型。

(2)通过切削力的分类及分析切削力变化曲线特征提取了切削力分析指标,得到了计算实际切深的方法,提出了根据切削力的分类建立平均力模型的观点,并进行了实验验证。

(3)通过分析与对比多项式及平均切厚模型的切削力系数预测模型,总结了两类模型在建立和计算过程中的方法错误,并通过切屑厚度的精确计算、平均力的精确提取等给出了正确、简便的方法,从而可以精确地处理实验数据,进而减小预测误差。

(4)经由一系列的单因素切削力实验,初步得出了一些实用的具有指导意义的工艺优选原则。

切削力的分区建模思想可以大大提高模型的预测精度,同时对切削力变化曲线特征的分析可以提供有力的分析加工工况的手段。

参　考　文　献

[1]　KLINE W A, DEVOR R E. The prediction of surface accuracy in end milling[J]. Transactions of the ASME Journal of Engineering for Industry, 1982, 104: 272 – 278.

[2]　SUTHERLAND J W, DEVOR R E. An improved method for cutting force and surface error prediction in flexible end milling systems[J]. Transactions of the ASME Journal of Engineering for Industry, 1986, 108: 269 – 279.

[3]　LIAO C L, TSAI J S. Dynamic response analysis in end milling using pretwisted beam finite element[J]. Transactions of the ASME Journal of Vibration and Acoustics, 1995, 117: 1 – 10.

[4]　TSAI J S, LIAO C L. Finite-element modeling of static surface errors in the peripheral milling of thin-walled workpieces[J]. Journal of Materials Processing Technology, 1999, 94: 235 – 246.

[5]　KOENIER F, SABBERWAL A J. An investigation into the cutting force pulsations daring milling operations [J]. International Journal of Machine Tool Design & manufacture, 1961, 1: 15 – 33.

[6]　TLUSTY J, MACNEIL P. Dynamics of cutting force in end milling[J]. Annals of the CIRP, 1975, 24: 21 – 25.

[7]　ALTINTAS Y, SPENCE A. End milling force algorithms for CAD systems[J].

Annals of the CIRP, 1991, 40(1): 31 - 34.

[8] BUDAK E, ALTINTAS Y. Peripheral milling conditions for improved dimensional accuracy[J]. International Journal of Machine Tools & Manufacturing, 1994, 34(7): 907 - 918.

[9] BUDAK E, ALTINTAS Y. Modeling and avoidance of static form errors in peripheral milling of plates[J]. International Journal of Machine Tools & Manufacturing, 1995, 35(3): 459 - 476.

[10] LARUE A, ANSELMETTI B. Deviation of a machined surface in flank milling[J]. International Journal of Machine Tools & Manufacture, 2003, 43: 129 - 138.

[11] KLINE W A, DEVOR R E, LINDBERG J R. The prediction of cutting forces in end milling with application to cornering cuts[J]. International Journal of Machine Tool Design & Research, 1982, 22 (1): 7 - 22.

[12] ZHU R, KAPOOR S G, DEVOR R E. Mechanistic modelling of the ball end milling process for mufti-axis machining of free-form surface[J]. Transactions of the ASME Journal of Manufacturing Science and Engineering, 2001, 123: 369 - 379.

[13] BUDAK E, ALTINTAS Y. Flexible milling force model for improved surface error predictions[J]. Proceedings of Engineering System Design and Analysis, 1992, 47 (1): 89 - 94.

[14] SHIRASE K, ALTINTAS Y. Cutting force and dimensional surface error generation in peripheral milling with variable pitch helical end mills[J]. International Journal of Machine Tools & Manufacture, 1996, 36(5): 567 - 584.

[15] HRU S, LEE H S, CHU C N. The form error prediction in side wall machining considering tool deflection [J]. International Journal of Machine Tools & Manufacture, 2003, 43: 1405 - 1411.

[16] LARUE A, ANSELMETTI B. A prediction of the machining defects in flank milling[J]. International Journal of Advanced Manufacturing Technology, 2004, 24: 102 - 111.

[17] 王志刚, 何宁. 航空薄壁零件加工变形的有限元分析[J]. 航空精密制造技术, 2000, 36(6): 7 - 11.

[18] RATCHEV S, GOVENDER E, NIKOV S, et al. Force and deflection modelling in milling of low-rigidity complex parts[J]. Journal of Materials Processing Technology, 2003, 143/144: 796 - 801.

[19] RATCHEV S, LIU S, HUANG W, et al. Milling error prediction and compensation in machining of low-rigidity parts[J]. International Journal of Machine Tools & Manufacture, 2004, 44: 1629 - 1641.

[20] RATCHEV S, LIU S, HUANG W, et al. A flexible force model for end milling of low-rigidity parts[J]. Journal of Materials Processing Technology, 2004, 153/154: 134 - 138.

[21] 张智海, 郑力. 基于铣削力/力矩模型的铣削表面几何误差模型[J], 机械工程学报, 2001, 37(1): 6 - 10.

［22］　LAW K M Y, GEDDAM A. Error compensation in the end milling of pockets: A methodology ［J］. Journal of Materials Processing Technology, 2003, 139: 21 - 27.

［23］　CHO M W, SEO T I, KWON H D. Integrated error compensation method using OMM system for profile milling operation ［J］. Journal of Materials Processing Technology, 2003, 136: 88 - 99.

［24］　LANDON Y, SEGONDS S, MOUSSEIGNE M, et al. Correction of milling tool paths by tool positioning defect compensation ［J］. Proceedings of the Institution of Mechanical Engineers, Part B: Journal of Engineering Manufacture, 2003, 217: 1063 - 1073.

［25］　KOPS L, VO D T. Determination of the equivalent diameter of an end mill based on its compliance［J］. Annals of the CIRP, 1990, 39(1): 93 - 96,

［26］　RATCHEV S, LIU S, HUANG W, et al. An advanced FEA based force induced error compensation strategy in milling ［J］. Int Journal of Machine Tools and Manufacture April, 2006, 46(5): 542 - 551.

［27］　WANM, ZHANG W H, QIU K P, et al. Numerical prediction of static form errors in peripheral milling of thin-walled workpieces with irregular meshes［J］. ASME J Manuf Sci Eng, 2005, 127: 13 - 22.

［28］　万敏, 张卫红. 薄壁件周铣加工切削力建模与表面误差预测方法研究［J］. 航空学报, 2005, 26: 598 - 603.

［29］　YUNW S. Accurate 3 - D cutting force prediction using cutting condition independent coefficients in end milling［J］. Int Journal of Machine Tools & Manufacture, 2001, 41 (4): 463 - 478.

［30］　万敏. 薄壁件周铣加工过程中表面静态误差预测关键技术研究［D］. 西安: 西北工业大学, 2005.

［31］　OXLEY P L B. Mechanics of machining［M］. Chichester: Halsted Press, 1989.

［32］　SMITH S. An overview of modeling and simulation of the milling process［J］. ASME Journal of Engineering for Industry, 1991, 113(5): 169 - 175.

［33］　武凯. 航空薄壁件加工变形分析与控制［D］. 南京: 南京航空航天大学, 2002.

［34］　YANGL Q, RICHARD E, DEVORSHIV G K. Analysis of Force Shape Characteristics and Detection of Depth-of-Cut Variations in End Milling［J］. ASME Journal of Manufacturing Science and Engineering, 2005, 127(3): 454 - 462.

［35］　RONALD A, WALSH. Handbook of machining and metalworking calculations［M］. New York: McGraw-Hill, 2001.

［36］　KLINE W A. The effect of runout on cutting geometry and forces in end milling［J］. International Journal of Machine Tool Design & Research, 1983, 23: 123 - 140.

［37］　ZHENG L, CHIOU Y S, LIANG Y S. Three dimensional cutting force analyse in end milling ［J］. International Journal of Mechanical Sciences, 1996, 38 (3): 259 - 269.

第3章 基于有限元的薄壁结构零件加工表面误差的预测技术

【内容提要】 在切削力作用下,刀具/工件的变形是影响薄壁结构零件加工精度与质量的关键因素,而控制最大变形在允许误差范围之内,是表面误差预测的主要目的。基于第2章建立的精确切削力模型及对切削过程的深入分析、分类,提出了考虑刀具/工件变形的快速柔性迭代算法;基于高效薄壁结构零件加工变形有限元模型,建立了航空薄壁结构零件加工变形和表面静态误差预测的柔性计算模型,进一步对薄壁结构零件加工变形的精确计算进行了研究;提出了薄壁结构零件最大变形误差的双层迭代求解算法,该方法可以直接精确地解决薄壁结构零件加工最大变形误差的大小和位置预测问题,而不必将整个加工表面的误差进行仿真预测,大大提高了计算速度。同时,就刀具和工件的有限元建模、刀具/工件的瞬时接触区域的限定算法、刀具/工件变形的耦合迭代算法以及最大表面误差的位置和大小计算等关键技术进行了研究。以典型航空铝合金材料为对象,合理安排实验,并通过数值计算结果和实验数据的对比,验证了变形误差预测模型和最大变形误差求解算法的正确性及有效性。最后对大型整体结构件进行了结构分解,将其典型结构件作为算例进行了数值仿真和实验研究,进一步为工艺优化及补偿打下了基础并提供了参考。

3.1 引　　言

在航空、航天工业中,薄壁整体结构件的数控铣削加工是一种广泛采用的机械加工过程,如图 3-1 所示的叶片、框、盖板的加工等。这些构件形状复杂,刚性差,精度要求高,在切削力作用下很容易产生变形,造成材料切除量和名义量的不同(即加工误差,见图 3-2),严重影响着工件的加工精度及表面质量。研究薄壁结构零件铣削过程加工变形的预测和控制,对实现航空制造业中的加工工艺方案和加工参数的合理选取具有重要意义。

如第 1 章所述,很多学者致力于薄壁结构零件加工表面误差预测的研究,且都基于有限元方法,但他们在薄壁结构零件加工变形的预测当中存在如下的实际问题:

(1)刀具/工件的有限元模型中切削力的加载过程过于烦琐,不易控制。

(2)仅就加工变形的刀具/工件的变形进行了简单的迭代过程,缺乏对铣削加工过程的考虑,并且迭代过程描述得欠详细。

(3)对于工件/刀具变形的计算也过于粗糙,缺乏考虑工件/刀具变形的精确计算方法。

(4)最大值的计算只能在每一个刀具进给位置、每一个刀具旋转增量位置,计算对应表面生成点的变形误差,得到整个表面误差后通过对比得到每一进给位置的最大变形误差并控制其在允许误差(t_1)范围之内,其计算精度的提高需要增加单元数,即增加计算量。

图 3 - 1　铣削加工得到的航空薄壁结构零件

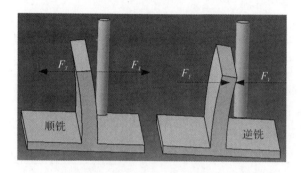

图 3 - 2　薄壁结构零件立铣加工过程中形状误差的产生

以上方法,不仅计算量大,而且最大变形值和位置不能直接确定。

针对薄壁结构零件加工变形引起的表面误差预测问题,考虑刀具/工件的变形对切削力的反馈影响及工件/刀具的变形对径向切深的修正作用,建立了薄壁结构零件加工变形的柔性预测模型。利用 ABAQUS 任意单元自由划分建立了薄壁工件的有限元模型,材料经过布尔运算去除,而切削刃等效为一条螺旋线,并用梁单元划分网格,将该螺旋线与切削加工区域绑定并定义接触来实现切削刃和切削加工区域的切削过程,切削力作用在螺旋线上并通过 FORTRAN 子程序定义了非线性的分布作用力。在此基础上,提出来了考虑刀具/工件变形位置的快速"柔性迭代算法",将之应用于薄壁结构零件加工表面误差预测中,提出了双层迭代算法。然后,基于变形预测模型及双层迭代算法,研究了最大变形位置和大小的计算方法。通过矢量法对分散的刀具路径进行分析、控制,可以进行复杂结构件的变形误差的不间断预测。

最后针对航空铝合金材料 7050 - T7451 合金开展了薄壁结构零件加工过程切削力和表面误差的预测与实验研究,获得了与实验及文献数据较吻合的计算结果,验证了所建立的预测模型和最大变形计算模型的正确性、有效性。

3.2　薄壁结构零件静态铣削过程分析与建模

3.2.1　铣削过程的分析

如图 3 - 3(a) 所示,考虑一面固定、三面自由(CFFF)的薄壁结构零件顺铣加工过程,刀具为平底立铣刀。随着刀具的旋转和进给,一部分材料被切除,工件的刚度也相应改变。由于刀具转速远远大于刀具进给速度,所以可以假设:在 X_w 向(刀具进给方向)某一位置 l,刀具中心轴线固定,并以一定的角度增量 ψ 旋转。在每一旋转位置,经过有限元分析计算均可计算出相应位置节点的变形。这样,经过 n 次旋转后,共旋转 Φ 角,这一位置工件轴线方向(Z_c 向)上所有节点的变形便全部得出。然后,刀具沿 X_w 向前进到下一位置,重复上述计算过程,直至工件的最边缘,这样,被加工工件的变形便全部被记录下来。由于存在让刀或过切现象,计算变形要通过迭代完成,直至满足收敛条件为止。为了计算的方便,刀具坐标系 $O_cX_cY_cZ_c$ 和工件坐标系 $O_wX_wY_wZ_w$ 的 Y 坐标方向相反。

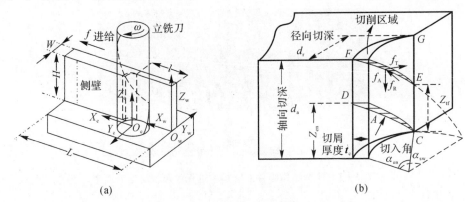

(a)　　　　　　　　　　　　(b)

图 3 - 3　薄壁结构零件立铣过程(顺铣)

3.2.2　立铣刀具的有限元建模

螺旋立铣刀划分为如图 3-4 所示的轴向等距的多段梁单元,同时假设刚性主轴与夹头中刀柄装夹部分之间为线弹性关系,其刚度为 k_c。L 为刀齿轴向长度。

采用弹性悬臂梁理论计算刀具的变形,由于螺旋切屑槽的存在,刀具当量圆柱直径(K_{ops} 和 V_o)$d_e = sd_0$。其中 d_0 为刀具直径,$s(\approx 0.8)$ 为等效因子。

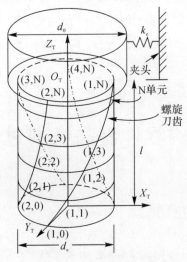

图 3 - 4　刀具有限元模型

法向力 F_Y 是引起加工变形的主要因素。如图 3-4 所示,在某加工瞬态作用在刀齿 t 第 m 微元上的法向力,即节点 (t,m) 处的作用力 $\mathrm{d}F_{Yt,m}$ 引起的刀齿节点 (k,n) 的弹性变形可用下式进行计算:

$$\delta_{\mathrm{c}}^{t,m}(k,n) = \begin{cases} \dfrac{\mathrm{d}F_{Yt,m}\,(l_{\mathrm{c}} - z_{t,m})^2 \big[3(l_{\mathrm{c}} - z_{k,n}) - (l_{\mathrm{c}} - z_{t,m})\big]}{6E_{\mathrm{c}}I_{\mathrm{c}}} + \dfrac{\mathrm{d}F_{Yt,m}}{k_{\mathrm{c}}} & 0 < z_{k,n} < z_{t,m} \\[4mm] \dfrac{\mathrm{d}F_{Yt,m}\,(l_{\mathrm{c}} - z_{k,n})^2 \big[3(l_{\mathrm{c}} - z_{t,m}) - (l_{\mathrm{c}} - z_{k,n})\big]}{6E_{\mathrm{c}}I_{\mathrm{c}}} + \dfrac{\mathrm{d}F_{Yt,m}}{k_{\mathrm{c}}} & z_{t,m} < z_{k,n} \end{cases}$$

$$(3-1)$$

式中:E_{c}——刀具弹性模量;

　　I_{c}——铣刀截面对其形心轴的惯性矩 $I_{\mathrm{c}} = \dfrac{\pi d_{\mathrm{e}}^4}{64}$;

　　k_{c}——刀具与夹头间的装夹刚度;

　　l_{c}——铣刀被装夹后的悬伸长度;

　　$z_{k,n} = K \cdot l/N$——刀齿节点 (k,n) 的 Z_{c} 向坐标。

那么,所有受力刀齿节点在刀齿节点 (k,n) 引起的变形可用下式进行计算:

$$\delta_{\mathrm{c}}(k,n) = \sum_{t=1}^{z} \sum_{m=0}^{N} \delta_{\mathrm{c}}^{t,m}(k,n) \qquad (3-2)$$

3.2.3　薄壁结构零件的有限元建模

工件有限元模型由 ABAQUS 建立。切削而引起的工件厚度的不一致,使得工件模型必须采用三维单元。有限元模型中材料的去除过程如图 3-5 所示。

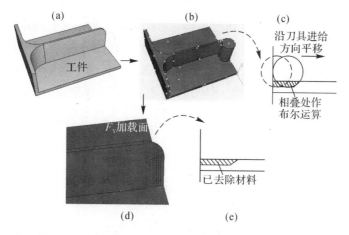

图 3-5　材料去除示意图

图 3-5(a)所示为工件毛坯,在模拟过程中利用与刀具直径相同的圆柱体与毛坯做布尔运算切除材料,如图 3-5(c)所示。通过不断平移一每齿进给量并再次做布尔运算,循环完成材料的去除。铣削过程中,铣刀与工件的接触线沿加载面往上平移。为模拟此过程,我们采用一个螺旋柱体(设置了截面尺寸的螺旋线)来模拟刀具螺旋切削刃,使螺旋柱体与切削面相接触,同时给螺旋柱体施加模拟的切削线力来实现切削力的加载。

由于 ABAQUS 软件目前尚无法在实体单元上加载线力（line load），但可以在梁单元上施加线力，所以施加线力时可先用实体单元建立一螺旋线（wire），螺旋线跟加工刀具刀刃的螺旋线一致，螺旋线的截面大小设置成一相对于单元体的微量，材料的弹性模量亦设置成相对于工件材料弹性模量的微量，然后在有限元模型的接触定义中将螺旋线跟工件材料绑定（interaction ->bond）。同时，尽量减小螺旋线的弹性模量和横截面积以期减小螺旋线的刚度对工件变形的影响。此外，将螺旋线跟工件绑定可减小其跟工件接触对计算结果的影响。

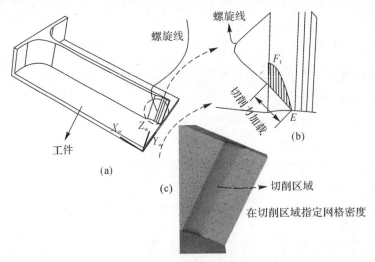

图 3-6　铣削力加载

为证明该模型中所增加的螺旋线对计算结果的影响是可以忽略的，安排了如下验证。在图 3-6(b)中的螺旋线和工件的接触线 2/3 处施加一集中力，提交计算后取得 E 点处的变形量；除去螺旋线，直接在工件加载面相应位置处施加相同的集中力，计算后也取 E 点处的变形量，对比结果列于表 3-1 中。同时，比较了不同螺旋线的弹性模量、横截面大小及加载位置，对 E 点变形的影响。加载的集中力大小为 500N，工件弹性模量为 7.1×10^{10} Pa，ABAQUS 模型如图 3-6(a)所示，表 3-1 中 E(Pa)为弹性模量，r(m)为螺旋线横截面半径。

表 3-1　不同情况下变形结果比较

加载位置	加载于工件的变形/m	加载于螺旋线的变形/m
$E=30$, $r=0.00001$	$-28.3433E-6$	$-2.83E-5$
$E=30$, $r=0.01$	$-28.3433E-6$	$-2.83E-5$
$E=300000$, $r=0.01$	$-28.3432E-6$	$-2.83E-5$

由表 3-1 可见，当螺旋线的弹性模量和横截面半径设置成一相对工件较小值时，将其与工件绑定后对结果的影响是可以忽略不计的。

ABAQUS 中所能施加的线力只能是单位长度的均布力 f_l，且有

$$f_l = \frac{F_Y}{L} = \frac{F_Y}{R\arccos\left(1-\dfrac{d_r}{R}\right)/\sin(\alpha_{hx})} \tag{3-3}$$

式中:L——加载区域的螺旋线长。

而实际的铣削力大小是随着切屑厚度的增加而增加的,为一非均布力,如图 3-6(b)中 F_f 所示。为在有限元模型中体现该实际过程,以 Z_w 轴为参考坐标轴,将 f_l 修正为如下的渐变螺旋力:

$$f'_l = f_l \zeta \tag{3-4}$$

其中系数 ζ 为

$$\zeta = \sin[\beta(i,j)] \tag{3-5}$$

$$k(z) = \frac{z(i,j) - z_E}{D_z} \tag{3-6}$$

式中:$z(i,j)$——图 3-6(b)所示的螺旋线微元的 Z_w 向坐标值;

　　　z_E——刀齿切入点 E 的 Z_w 向坐标值;

　　　D_z——螺旋线微元的高度。

渐变螺旋力的施加通过 FORTRAN 子程序添加到 ABAQUS 的工作进程。工件的加工变形,只需取螺旋线上点 E 的变形,因为已被绑定的螺旋线的变形量和工件变形一致,端点 E 始终处于工件的表面生成线上,该时刻工件上其他位置的变形量对加工表面质量并不影响。

3.3　薄壁结构零件加工变形的柔性预测模型

3.3.1　表面静态误差的计算方法

切削力作用于加工过程引起刀具和工件的变形,相应加工瞬态对应图 3-3 中 $\overline{GC}$ 直线上的表面生成点的变形沿法向映射到加工表面形成表面误差。

如图 3-7 所示,工件进给 l 处,表面生成点 p 的表面误差 $e_l(p)$ 按下式计算:

$$e_l(p) = \delta_c(p,j,k) + \delta_w(p,j,k) \tag{3-7}$$

式中:$\delta_w(p,j,k)$——点 p 处工件变形在 Y_w 方向的投影;

　　　$\delta_c(p,j,k)$——与点 p 对应的刀具变形在 Y_c 方向的投影。

3.3.2　柔性切削力计算模型

第 2 章建立的切削力模型并没有考虑刀具/工件的加工变形对于切削力的反馈影响,应用于薄壁结构零件加工变形预测,通常称为刚性模型。相应地在切削力和加工变形预测当中考虑刀具/工件的加工变形的模型称为柔性模型。

如图 3-7 所示,由于刀具和工件的变形,名义径向切深[见图 3-7(a)]和瞬时未变形厚度[见图 3-7(c)]都发生变化。Budak 和 Altintas 从理论证明到数值验证表明,瞬时未变形切屑厚度收敛于用名义单齿进给量算得的结果。因而多数文献中,瞬时未变形切屑厚度直接用名义值进行计算,仅考虑对径向切削深度的修正。

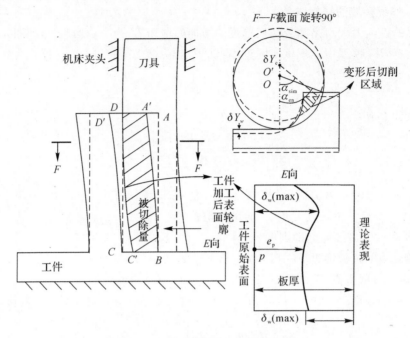

图 3 - 7 薄壁顺铣让刀和表面轮廓

对某一进给位置,某一刀齿节点(i,j,k)处,实际切深的计算表达式如下:

$$d_r^{(v)}(i,j,k) = d_r - [\delta Y_c(i,j,k) + \delta Y_w Z_w(i,j,k)] \qquad (3-8)$$

式中:$d_r^v(i,j,k)$——第 v 次修正后的节点(i,j,k)的实际径向切深;

$\delta Y_c(i,j,k)$——第 k 刀齿,j 角度增量,第 i 个轴向刀具微单元的变形;

$\delta Y_w Z_w(i,j,k)$——工件上与刀具节点对应节点的变形(和刀具方向相反)。

δY_c 和 δY_w 的计算方法见 3.2.2 节和 3.3.4 节。

3.3.3 柔性迭代算法的提出

由式(3-4)可知,顺铣时,刀具和工件的变形使得径向切深变小,导致切削力的变小,反过来影响工件和刀具的变形减小,径向切深增大,切削力增大,如表 3-2 和图 3-8 所示。式(3-8)需要迭代求解。

表 3 - 2 切削力和径向切深的变化趋势

迭代次数	切削力	图 3-8 表面生成点	δ_t 和 δ_w 的变化	实际切深
1	—	$E_1 0$	据名义切深得到	↓
2	↓	$E_1 1$	↓	↑
3	↑	$E_1 2$	↑	↓
4	↓	$E_1 3$	↓	↑
…	…	…	…	…

如图 3-8 所示,E_{1k} 表示第 1 个切削位置,第 k 次修正后得到表面生成点。得到收敛结果后,文献中一般采用的方法仍然基于刚性系统,将下一个切削增量初始迭代位置定为 $\overline{F_{20}E_{20}}$ 继续迭代,其中 E_{20} 与 E_{10} 同样在最初的刚性模型的表面生成线上。然而,由第一迭代步收敛切削位置 $\overline{F_{1k}E_{1k}}$ 可知,此时的刀具切入和表面生成线分别为 $\overline{F_{1k}B_1}$ 和 $\overline{E_{1k}E'_{20}}$,所以依据切削过程的连续性,可以断定,把下一个切削初始位置定位 $\overline{F'_{20}E'_{20}}$ 将更接近于实际的加工过程,其迭代计算得到的变形误差也更接近于实际加工变形。同时很明显该方法也可以提高变形求解的收敛速度。本书将该方法定义为柔性迭代法,与之相对应的是前述文献中应用的刚性迭代法。由以上分析过程可以预测,在柔性模型中,F 点以前的刚性迭代算法预测结果将大于柔性迭代法计算结果以及实验数据。切削刃通过 F 点以后,如图所示 $\overline{F_{i0}E_{i0}}$ 和 $\overline{F_{i1}E_{i1}}$ 切削长度基本一致,两种迭代结果基本一致。

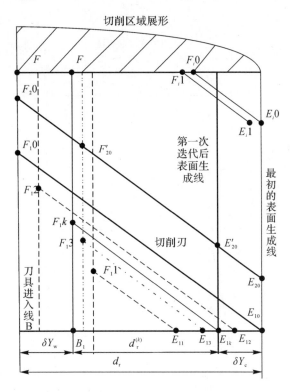

图 3-8　变形迭代过程示意

如图 3-8 所示,虚线为刀具和工件变形迭代收敛后的位置。可以看出,径向切深的变化改变了刀具切入角度和切削区域,对于顺铣,切出角度 α_{ex} 始终为零,而刀齿微元的切入角 $\alpha_{sim}(i,j,k)$ 不再是定值,且有

$$\alpha_{sim}(i,j,k) = \arccos\left[1 - \frac{d'_r(i,j,k)}{R}\right] \quad (3-9)$$

由式(2-20)和式(3-9)可知,随着切入角的变化,刀齿微元的切削状态将发生变化,导致切削区域的改变。重新对刀具微元切削力进行叠加,便可以得到考虑刀具/工件变形的切削力。

3.3.4 实际切深的精确计算

对于柔性迭代算法(也对应于实际的切削过程),由于变形的存在使得薄壁结构零件加工中各个切削刃位置的实际切深都不一样,如图 3-8 及图 3-9 中斜线所示。如式(3-8)所示,当前迭代位置的实际切深的精确计算是计算下一迭代步及初始切削力的前提。

如图 3-9 所示,E_{vk},E_{1k} 为对应于顶面和底面的第 k 次迭代的表面生成点位置,而 $\overline{E_{vk}F_{vk}}$,$\overline{E_{1k}F_{1k}}$ 为相应的刀具/工件的实际接触区域。δY_c^C,$d_{rr}^{C(k)}$ 分别为对应于工件底端刀具的变形及相应 k 次迭代后的径向切深;而 δY_w^W,δY_w^W,$d_{rr}^{W(k)}$ 分别表示工件上部工件和刀具的变形以及 k 次迭代后的加工径向切深。由图 3-9 可得如下关系:

$$d_{rr}^W = d_r - \delta Y_c^W - \delta Y_w^W - \Delta \tag{3-10}$$

$$d_{rr}^C = d_r - \delta Y_c^C - \Delta' \tag{3-11}$$

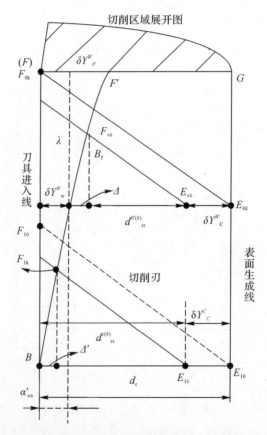

图 3-9 实际切深的计算及其切削力的变化

相关文献中考虑工件/刀具的变形线为直线,使 E_{vk},E_{1k} 处用于计算切削力的切深较 d_{rr}^C,d_{rr}^W 偏大,存在误差,且迭代速度慢。

由此,将工件/刀具变形曲线假设为斜直线,由图 3-9 根据正弦定理有

$$\frac{B_f F_{vk}}{\sin(90° - \alpha_{hx})} = \frac{B_f E_{vk}}{\sin(\lambda + \alpha_{hx})} \Rightarrow \frac{\Delta/\sin\lambda}{\cos(\alpha_{hx})} = \frac{d_r - \delta Y_c^W - \delta Y_w^W}{\sin(\lambda + \alpha_{hx})} \tag{3-12}$$

从而可以得

$$\Delta = \frac{(d_{\mathrm{r}} - \delta Y_{\mathrm{c}}^{W} - \delta Y_{\mathrm{w}}^{W})\cos\alpha_{\mathrm{hx}}}{\sin(\lambda + \alpha_{\mathrm{hx}})}\sin\lambda \qquad (3-13)$$

其中,$\lambda = \arctan(\delta Y_{F}^{W} - \delta Y_{\mathrm{w}}^{W})/Z_{\mathrm{en}}$,$Z_{\mathrm{en}}$ 选择上一迭代结果;$\delta Y_{\mathrm{C}}^{W}$ 可由式(3-1)得到,$\delta Y_{\mathrm{w}}^{W}$ 由有限元模型计算 E_{vk} 处变形得到。

至此整个柔性模型和刚性模型预测薄壁结构零件加工误差的有限元仿真计算流程图可总结如图 3-10 所示。

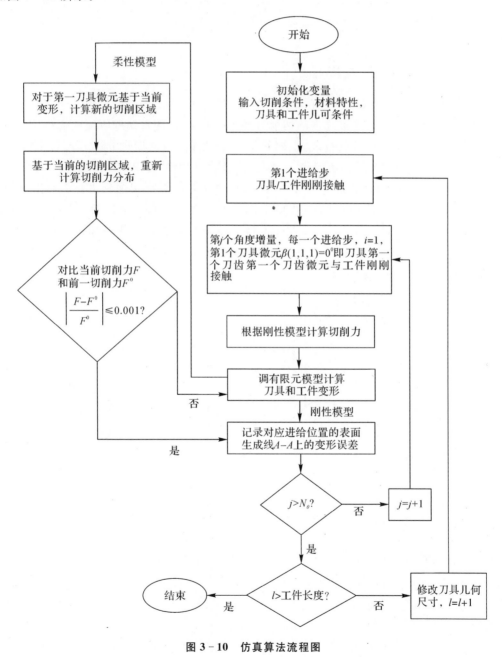

图 3-10　仿真算法流程图

3.4　薄壁结构零件最大加工变形的确定

对于薄壁结构零件的表面加工误差的控制,只需要限制工件的最大变形在加工误差范围之内即可,所以研究薄壁结构零件加工最大误差的值和位置,不必计算表面上所有的变形,就可以保证加工误差,由此可以大大提高模型计算速度,从而为在线预测薄壁结构零件加工误差并进行补偿提供可能,并为工件加工过后的检验处理提供便利。

3.4.1　最大变形数值计算

薄壁结构零件加工类型一般为第Ⅱ和第Ⅳ类,对于一个刚性系统,如图3-11所示,由于切削面积一样,所以 $CDEF$ 区域之内的切削力将保持不变,但随着薄壁刚度的变小,变形将在表面生成线的 F 点(距离切出点 G Z_{en} 距离的位置)产生的 Y_w 向变形 δ_F 大于 C 点的变形 δ_c 。随后在 FEG 段由于切削力的迅速减小,变形也迅速减小,也就是说,在 E 点将有可能产生主要由工件的刚度变小而引起的最大变形 $\delta_w(\max)$;而在刀具刚刚切削到工件表面生成线 GC 时由于刀具的变形占主要作用,在不同切削条件下由刀具在 C 点引起的变形 $\delta_c(\max)$ 也有可能是最大值,如图3-11(c)所示。比较两个值,较大的一个即为薄壁工件加工变形最大值:

$$\delta_l(\max) = \max[\delta_c(\max), \delta_w(\max)] \tag{3-14}$$

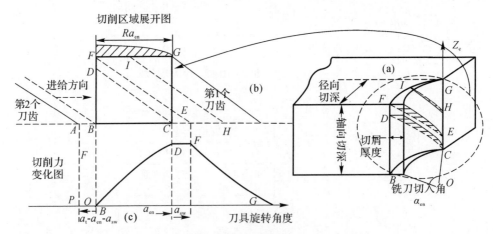

图3-11　薄壁结构零件切削过程及切削力的变化

1. $\delta_w(\max)$ 的计算

对于柔性系统由于刀具和工件的变形,最大变形位置所对应的 E 点发生变化,因为 Z_{en} 是实际切深 d_r' 的参数[参见式(2-10)和式(2-11)]。在算法上最大变形求解过程就是保证每一个迭代的初始切削位置都通过 F 点。如图3-12所示, F_{10}, F_{20}, F_{30} 都应该与 F 点重合,称双层迭代算法。

以下通过双层迭代的方法,来研究最大变形位置 E 点和变形值的确定方法。如图3-12所示,先根据刚性模型确定 E_{10} 点位置,并根据图3-10流程计算实际切深 d_r^0 (表示第0次迭代的实际切深),根据此切深计算 Z_{en}^0 的值,得到 F^1 坐标,并根据刚性模型计算此处切削力并计算 d_r^1,得到 Z_{en}^1,循环计算,最终得到 d_r^v 与上一迭代结果 d_r^{v-1} 对比,若满足

$$\left| \frac{d_r^v - d_r^{v-1}}{d_r^{v-1}} \right| \leqslant 0.001 \qquad (3-15)$$

那么就可以认为对应于 d_r^v 的表面生成点 F^v 的变形就是该进给位置的 $\delta_w(\max)$。

对应 E 点的刀具微元 i_E 的 j_E 可通过下式计算:

$$i_E = \frac{d_a - Z_{en}}{D_Z} \qquad (3-16)$$

$$j_E = \frac{\alpha_{sw}}{\gamma / N_\theta} \qquad (3-17)$$

计算过程如图 3-12 所示,可以看出计算过程中由于刀具和工件的变形使得部分刀齿微元脱离切削。

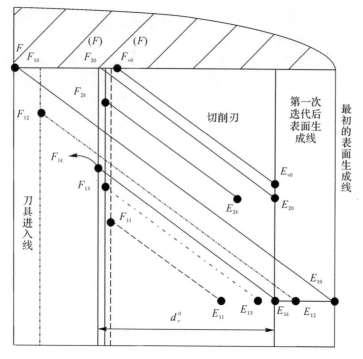

图 3-12　最大变形位置和大小的确定

2. $\delta_c(\max)$ 的计算

$\delta_c(\max)$ 的计算方法相对简单,其初始条件和图 3-10 中初始条件一致,柔性模型迭代得到的第一个位置的变形,就等于 $\delta_c(\max)$。详细计算过程见 3.3 节。

3.4.2　表面误差的控制

由此,表面误差的控制可以不用将表面的全部变形都计算出来,而是限定最大表面误差:

$$\delta_l(\max) < \max[e_l(p)] = t_l(\max) \qquad (3-18)$$

式中:$t_l(\max)$——在进给位置 l 时的误差允许值。

薄壁结构零件最大加工变形位置和大小的确定可以总结如图 3-13 所示。

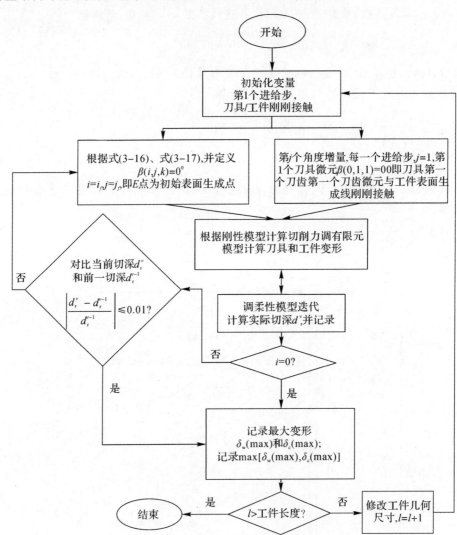

图 3-13　最大变形和位置的确定流程

3.5　实验验证与仿真算例研究

为验证本书所提出的柔性迭代法和建立的表面误差预测模型以及最大加工变形计算模型的有效性,根据前述方法与技术,针对航空铝合金材料 7050-T7451(弹性模量 71GPa),在 JOHNFORD VMC-850 三坐标数控铣床上进行了 3 组实验,工件长度 L 均为 105mm,顺铣加工,干切削。表面误差由测力仪 KisTLer9255B 测量。其中切削力系数的计算按照第 2 章分区建模方法得到。刀具为两齿立铣刀,材料 Y330,弹性模量 530GPa,螺旋角 30°,法前后角均为 12°,主轴转速 2000 r/min,每齿进给量为 0.05mm,装卡长度 53.4 mm,刀具与夹头间的

装卡刚度 $K_c = 18\,900\text{N/mm}$，其他参数列于表 3-3 中。工件变形的测量采用三坐标测量仪 GLOBAL STATUS 121510。

表 3-3　实验参数

编号	K_T	K_R	轴向切深/mm	刀具直径/mm	壁厚/mm	d_R/mm
实验 1	1 760.905	0.646 99	30	12	6	2
实验 2	1 458.062	0.707 8	24	12	5.2	2
实验 3	1 458.062	0.707 8	24	12	3.5	2

图 3-14、图 3-15 及图 3-16 为薄壁结构零件加工现场图及测量图。由三坐标测量机得到工件实际厚度与理论厚度之差即为加工误差。

图 3-14　薄壁结构零件毛坯图　　　　图 3-15　薄壁结构零件加工图　　　图 3-16　加工变形的测量

3.5.1　表面误差预测的实验验证

由图 3-17(a)可知,通过对比工件进给 $l = 55\text{mm}$ 中间位置时表面预测误差和实验值,可以看出刚性模型和柔性模型预测结果与实验数据吻合较好。这是因为实验 1 情况下,工件刚度较大,所以工件/刀具系统变形较小。而图 3-17(b)实验 2 条件下,同样是工件进给 $l = 55\text{mm}$ 中间位置,虽然刚性模型和柔性模型预测结果的形状、趋势吻合也较好,但由于工件刚性的减小,刚性模型预测结果明显高于实验结果,而柔性得到的误差值仍然与实验值吻合得很好。以上两图也显示刚性模型和柔性模型在 19mm 以上预测结果基本一致。由图 3-17(c),刚度继续降低,柔性模型的预测精度仍然较高。图 3-18 显示了切削力与实验数据的形状、趋势吻合也较好,但是,可以看出由于工件和刀具的变形,柔性系统的切削力在刚性模型保持最大值部分仍然下降。图 3-19 给出了实验 3 变形预测全貌,可以看出变形在工件两端较大,而中间部位由于结构刚度相对较好,变形最小,自由端变形最大,与自由端材料去除,刚度降低的事实相对应。由以上三例,可以看出本书计算切削力并预测薄壁结构零件加工变形的方法是正确的,并且柔性模型预测精度要好于刚性模型。

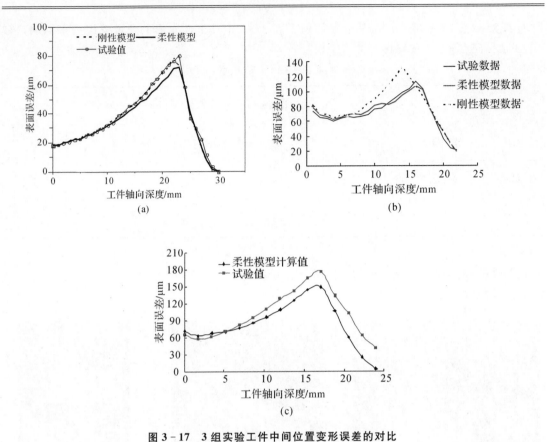

图 3-17　3 组实验工件中间位置变形误差的对比

(a)实验 1 工件中间位置变形预测；(b) 实验 2 工件中间位置变形预测；(c)实验 3 工件中间位置变形

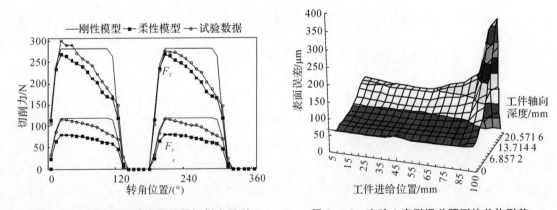

图 3-18　实验 2 工件中间位置切削力预测　　　图 3-19　实验 3 变形误差预测的总体形貌

3.5.2　最大变形误差预测的实验验证

为了验证本书提出的最大表面变形和位置误差的预测方法，针对以上两组实验，通过前述方法和技术，求解最大变形的过程，如图 3-20 所示。由于 $\delta_c(\max)$ 的计算仅需按柔性模型计算迭代一次即可，所以仅列出了实验 1 情况下 $\delta_w(\max)$ 的迭代过程，可以看出双层迭代可以很好地"追踪"最大变形,并精确求解,最终的最大变形相对于初始的 F 点位置增大了 $12\mu m$,大大提高了精度,位置精度也有一定的提高,这与实验结果是相符的,迭代过程中可以通过控制前后两次得到的变形之差来控制迭代的结束。

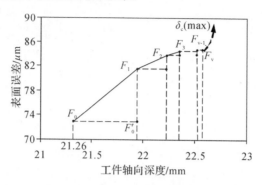

图 3 - 20　最大变形的求解过程

表 3-4 和表 3-5 分别列出了三种模型下最大变形以及最大变形位置(距离工件自由端距离)结果,可以看出在工件刚性较好的情况下(实验 1)刚性模型和柔性模型预测得到的最大变形以及最大变形位置误差较小,都接近于理论计算值 $Z_{en} = \cos^{-1}(1-2/6)/\tan 30° = 8.74$;而在加工刚度较小的薄壁时,刚性模型预测最大变形值偏大,最大变形位置也偏大;柔性模型预测最大变形值偏大,最大变形位置却偏小,但是整体误差较刚性模型小得多。由此可以看出,双层迭代模型不论在刚性系统还是在柔性系统中均可以较为准确的预测出最大变形位置和大小。

表 3 - 4　最大变形位置的比较(距工件自由端)　　　　　　单位:mm

实验序号	刚性模型	柔性模型	实验	双层迭代
1	9	8	7.5	7.4
2	9	8	7	6.8

表 3 - 5　最大变形的比较　　　　　　单位:μm

实验序号	刚性模型	柔性模型	实验	双层迭代
1	78	75	82	84
2	133	102	116	121

注:表 3-4 和表 3-5 中由于刀具增量设置为 Z_c 向 1mm,所以实验测量 Z_w 向间隔为 0.5mm。

3.5.3　算例研究

1. 算例 3-1

图 3-21~图 3-23 为针对相关文献实验 3 做的算例研究,切削参数见表 3-6。装夹刚度为 29 000N/mm,刀具和工件的弹性模量分别为 207GPa 和 71GPa,工件长度为

47.96mm。

表 3-6　实验 3 切削参数

k_t/(N·mm²)	k_r	f_z/(mm/·齿⁻¹)	切削速度/(m·min)	d_r/mm	d_a/mm	薄壁厚度(初始→结束)/mm
5.212×10^3	1.09	0.01	15.1	1.0	38.1	3.0→2.0

图 3-21 所示为本书柔性模型预测值,图 3-22 所示是取自相关文献实验 3 的加工表面误差的实验值,图 3-23 为双层迭代迭代法得到的最大变形分布。

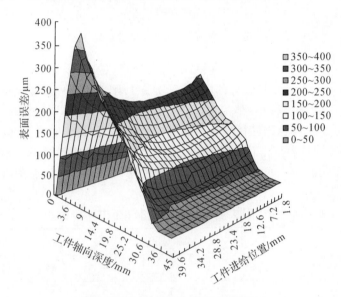

图 3-21　柔性模型预测变形分布图

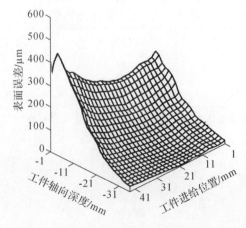

图 3-22　相关文献实验 3 数据测量结果

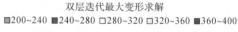

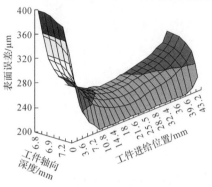

图 3-23　双层迭代法得到的最大变形分布

可以看出,最大变形预测结果与实验结果很接近,随着工件刚度的变小,其最大变形将有增大的趋势,而变形位置有向工件自由端逼近的趋势。随着刚度的变化,双层迭代法依然有着很好的预测精度。同时,由于计算量减小,模型预测速度大大减小,对于算例 3-1 中节点 20 个的模型,计算时间减少为原来的一半左右。

2. 算例 3-2

工件尺寸如图 3-24 所示的两个 T 形件,不带孔薄壁高度为 29mm,带孔工件高度为 40mm。材料为铝合金材料 7050-T7451(弹性模量 71GPa),顺铣。刀具为两齿立铣刀,弹性模量 530 GPa,螺旋角 30°,每齿进给量为 0.05mm,装卡长度 53.4mm,刀具与夹头间的装卡刚度 $K_c = 18\ 900$N/mm。其他切削参数见表 3-7。

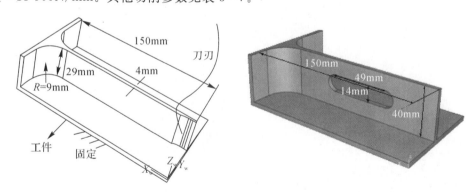

图 3-24　算例 3-2 工件尺寸

(a)T 形直壁;(b)T 形带孔薄壁结构零件

表 3-7　算例 3-2 切削参数

$k_T/(\mathrm{N} \cdot \mathrm{mm}^{-2})$	k_r	$f_z/(\mathrm{mm} \cdot \text{齿}^{-1})$	切削速度 /(N·min^{-1})	d_r/mm	d_a/mm	薄壁厚度(初始 →结束)/mm
$248.365\,\overline{h}^{-0.494\,1}$	$0.315\,\overline{h}^{-0.215}$	0.05	2000	2.0	40	4.0→2.0

由图 3-25(a)可知,对于没有孔槽的 T 形件,其变形从自由端到角端基本上呈下降趋势,自由边由于刚度最小,变形也最大,而角点由于刚度突然增大,变形也呈现突降趋势。图 3-25(b)显示了由于中间孔槽的存在使得变形误差预测结果中间部分呈凹槽状,对应凹槽的位置变形误差为 0(没有切削产生)。工件初始切入端刚度较小,变形也较大,而 T 形件角端刚度较大,变形自然较小,中间部分由于材料的去除,最重要的是有孔槽的存在使得刚度变小,变形增大。而有孔部位的上部刚度更小,所以变形最大。图 3-26 给出了带孔工件两个不同切削位置处的误差分布曲线。同时,对比了本书建立的柔性迭代法和刚性迭代法以及刚性模型所得的计算结果,图 3-26(b)中平坦为 0 的部分对应工件孔槽位置。通过对图 3-26 的分析可知,其误差分布规律是合理的,说明本书建立的柔性预测模型可以对较复杂的结构的变形误差进行精确预测。

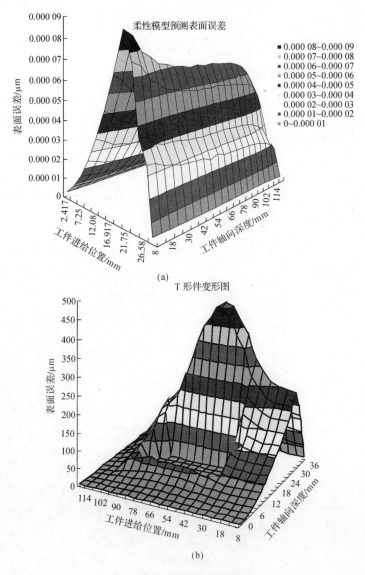

图 3-25　变形误差预测结果

(a)不带孔直壁变形误差预测结果;(b)带孔薄壁结构零件得到的变形误差预测结果

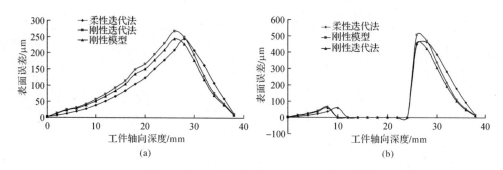

图 3 - 26　算例 3 - 2 带孔工件铣刀进给至不同位置时的误差分布
(a)进给至距工件自由边 8mm 处位置;(b)进给至距工件自由边 60mm 处位置

3.6　整体结构件的解构与进一步的仿真及实验

按照先局部后整体的研究思路,考虑到航空整体结构件的复杂性,可以将大型结构件进行解构,对其中典型的加工特征进行分析、分类,作为算例进行变形仿真预测和实验研究,为进一步的工艺优化及误差补偿打下基础并提供参考。

通过对西飞和成飞等制造部门的调研及相关资料的搜集,可以将航空整体结构件包括整体壁板、框、翼肋等的相关典型结构分为侧壁和腹板,总结见表 3 - 8。

表 3 - 8　整体结构件薄壁特征分类

侧壁	示意图	结构特征	腹板	示意图	结构特征
直壁		常见的薄壁结构零件,刚性最差	平面腹板		壁板腹板常见
带孔的直壁		较少见	带孔的腹板		翼肋、天线板等腹板常用
T 形壁		常见的加强筋,常与拐角连在一起	U 形腹板		壁板类件
U 形壁		是加强筋和侧壁组合			

续 表

侧壁	示意图	结构特征	腹板	示意图	结构特征
L形壁		在整体结构件的边角区域出现	L形腹板		盖板等工件
弧形壁		与外形相关的结构形式	拐角		拐角处出现力增大的现象严重
拐角		各种特征的连接形式			
变高度壁		常见的设计形式			
变厚度壁		在长度较大的侧壁出现	变厚度腹板		在壁板等工件中常见
框体		是常见的侧壁组合形式			

通过对典型薄壁结构的简化建模并进行的大量有限元分析,总结了薄壁特征加工变形形貌及其变形特点等(见表 3-9),并给出了各个薄壁特征下针对变形控制的工艺方案或建议,可供工艺设计人员参考。

表 3 - 9　整体结构件薄壁特征分类

侧壁	变形形貌示意图	变形特征

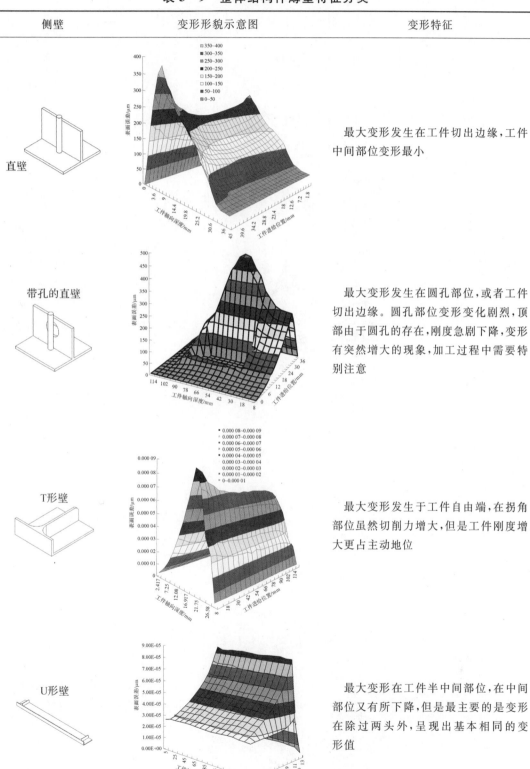

直壁 —— 最大变形发生在工件切出边缘,工件中间部位变形最小

带孔的直壁 —— 最大变形发生在圆孔部位,或者工件切出边缘。圆孔部位变形变化剧烈,顶部由于圆孔的存在,刚度急剧下降,变形有突然增大的现象,加工过程中需要特别注意

T形壁 —— 最大变形发生于工件自由端,在拐角部位虽然切削力增大,但是工件刚度增大更占主动地位

U形壁 —— 最大变形在工件半中间部位,在中间部位又有所下降,但是最主要的是变形在除过两头外,呈现出基本相同的变形值

续 表

侧壁	变形形貌示意图	变形特征
L形壁		同 T 形壁
弧形壁		刚度较好,最后一刀应该选择精加工里面
变高度壁		变形随着侧壁高度的减小而迅速减小
变厚度壁		随着厚度的减小以及材料的去除,工件的变形迅速增大。选择刀路上应该尽量从薄边切入

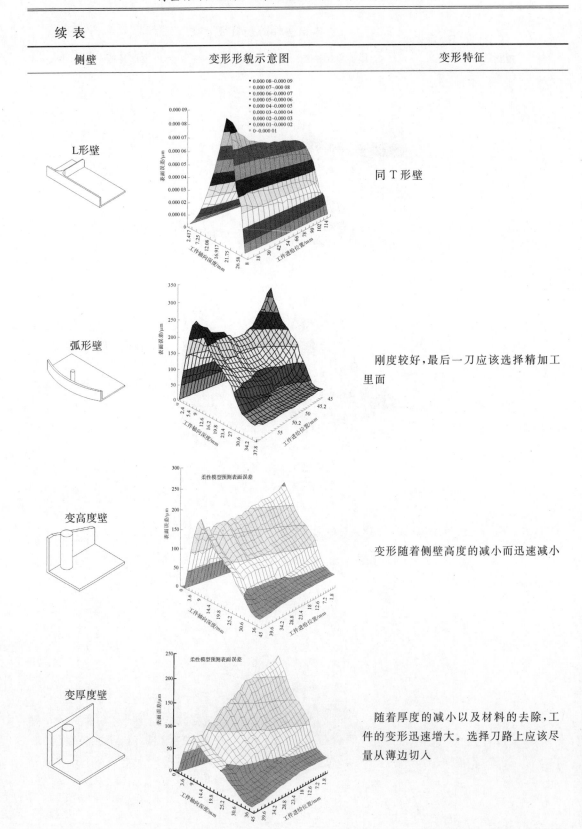

续　表

侧壁	变形形貌示意图	变形特征
框体 	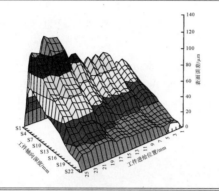	框体中间部位变形稍大,两边刚度都较大,落刀点应该选择靠近拐角处

腹板	示意图	结构特征
平面腹板	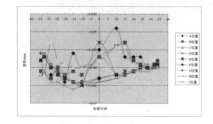	腹板中间刚度小,变形大,四周靠近框体边缘,刚度大,变形也小
带孔的腹板	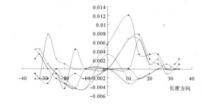	变形明显增大,控制变形可以将中间孔保留一个很小薄板,完成腹板加工后,再切掉盖板
L形腹板	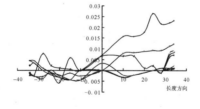	两边自由,导致加工变形在自由边区域较大
拐角 	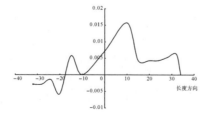	拐角处出现力增大的现象严重,导致中间部位的腹板变形增大

3.6.1　框体侧壁变形有限元分析

现在针对两类典型的薄壁结构零件——框体和腹板进行较为详细的变形预测分析并组织实验验证,对其变形规律进行总结。

框体尺寸:长、宽、高分别为 188mm,105mm,27mm;底的长、宽、高分别为 245mm,100mm,20mm;侧壁厚度为4mm(见图 3-27 和图 3-28)。刀具选用整体合金 12mm 直径的双刃立铣刀。铣削方式为顺铣加工内侧壁,所以刀具加工路线为逆时针依次加工一、二、三、四面,然后返回第一面落刀位置,结束加工,如图 3-29 所示。

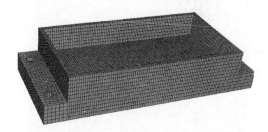

图 3-27　框体侧壁变形分析有限元模型示意图

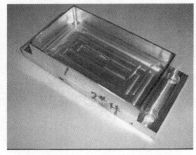

图 3-28　实验工件 1♯ 和 2♯

铣削用量:$d_a = 24\text{mm}$,$d_r = 2\text{mm}$,$f_z = 0.05\text{mm/齿}$,$n = 1000\text{r/min}$,$f = 100\text{mm/min}$。

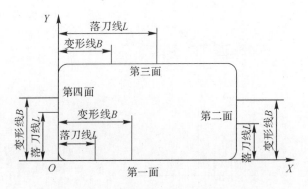

图 3-29　落刀线与变形线选择基准示意图

图 3-28 中的方框按逆时针方向划分为四个面,每个面上都定义同样的特征,包括落刀

线、变形线及其他一些关键点、线、面。落刀线表示实际加工工件时刀具的起始加工位置,变形线表示需要计算变形的位置。这样,根据计算需求,可以选择在任一面的任何位置落刀,计算任一面任意位置处薄壁的变形。图 3-29 表示各面落刀线、变形线的选择基准。

在每一面取 5 处位置进行变形分析计算,对每一位置处的最大变形进行记录,结果如图 3-30～图 3-32 所示。

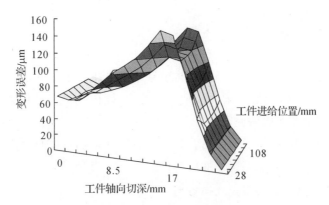

图 3-30　第一面各进给位置变形计算值

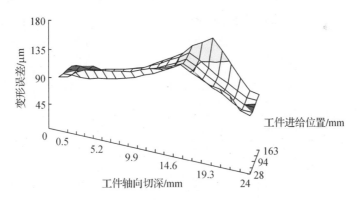

图 3-31　第一面各进给位置变形实验测量值

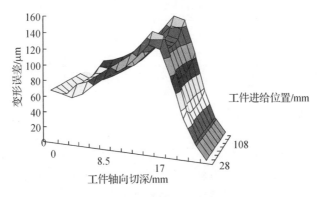

图 3-32　第三面各进给位置变形计算值

从图 2-30～图 3-32 中可以看出,第一面由于 28mm 位置加工已经快要结束,仅剩 2mm 未加工,刚度变小很多,所以变形最大。除此之外,表面靠近框体拐角位置变形较小,中间 78mm 和 94mm 位置最大。这是因为靠近拐角处受约束影响大,刚性好的缘故。框体中部变形大于两端,但中部各位置处变形相差并不大。由于第三面加工过程的落刀位置在第一面,其变形随位置移动较有规律,起伏也较小。

3.6.2 腹板变形有限元分析

腹板的加工变形分析,对于大型整体结构薄壁结构零件的加工变形控制至关重要。然而,其变形影响因素多而复杂,变形有限元模型较难建立,国内外很少见相关的研究。国内武凯对其进行过相关的理论和实验研究。

我们通过研究腹板的变形规律,并借鉴相关的研究成果,通过理论分析、有限元模拟及部分实验验证,得出了一些具有工艺指导性的结论。

3.6.2.1 腹板变形分析有限元几何模型

Sutherland 等人对腹板受力变形分析中的力进行了计算,建模时根据不同的走刀路径及不同的切削用量建立规则的正交网格线,以网格线的交叉点作为建立模型及计算变形的关键点。以下以由内向外环切法,进行薄壁框腹板加工变形分析。设腹板长度为 L,宽度为 W,铣削步进因子为 K(即径向切深 d_r)。图 3-33 为有限元变形分析模型示意图。

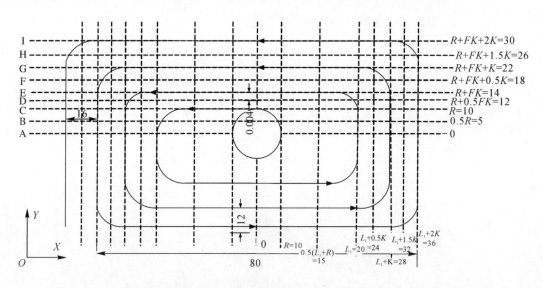

图 3-33 腹板变形分析模型示意图

建立模型时,为了能使关键点位置尽可能体现变形的最大值,图 3-33 中带箭头的实线表示刀具外轮廓线的运动轨迹,以此作为建模依据,图 3-33 中各直线交叉点即为建模关键点。直线末端数据表达式为该直线所在位置的 X 坐标或 Y 坐标,其中,R 为刀具半径,$L_1 = L - W$。因为结构对称,直接给出正半轴各直线所在位置。

3.6.2.2　腹板变形规律分析

应用上面的腹板变形分析有限元模型,在一定切削条件下,对模型中各关键点处的变形进行分析计算。各参数为:$L=80\text{mm}$,$W=60\text{mm}$,板厚 $t=3\text{mm}$,$d_a=1.5\text{mm}$,$d_r=8\text{mm}$,$f_z=0.05\text{mm/齿}$,$n=1000\text{r/min}$,刀具为硬质合金立铣刀,直径为 12mm,螺旋角为 30°。

考虑到上下变形基本对称,对图 3-33 中 A 处直线上各关键点的变形进行分析计算,并以相同的加工条件进行实验验证,加工后的零件如图 3-34 所示。在三坐标测量机上测量 A,B,C,D,E,F,G,H,I 直线上各点变形。测量结果如图 3-35 所示,计算结果列于图 3-36。

图 3-34　加工完毕腹板工件图

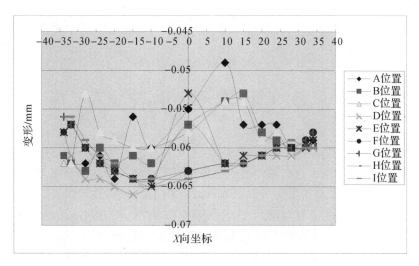

图 3-35　板测量变形

从图 3-36 中可看出,有限元计算值与实验测量值比较接近,这说明建立的腹板受力变形分析模型是正确的,可以在此基础上分析变形规律。同时可以看出,各直线位置处变形并非简单的抛物线形。在不同的关键点处,受力大小不同,腹板的刚性也不同,导致的腹板变形起伏也较大。

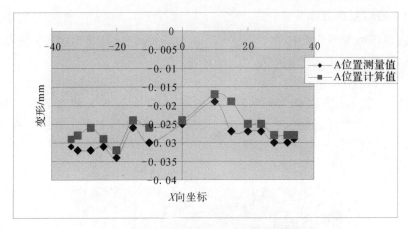

图 3-36　A 位置计算变形和测量变形的对比

对变形规律总结如下：

若关键点所在位置经过拐角处，因为受力较大，该位置的变形较大，所以变形图出现若干的小突起。若关键点所在位置处于刀具的切出点处，因为受力较小，该处的变形较小；若关键点所在位置处于刀具中心轨迹（就本例而言）所在位置，因为受力较大，而且随切削进行，切削至该位置时薄壁比例有所增加，刚性减弱，所以变形较大。A10 部位变形最小，是因为该处位于刀具的切出位置。刚开始切削时，腹板中心附近刚性较好，所以中心处各点变形相对于同一直线上其他点的变形较小（如直线 A 和 B）；随向外环形切削，薄壁所占比例不断增加，中间部位刚性减弱，变形逐渐增加，而距离约束较近的两端变形相对较小，直线上各点变形规律呈抛物线形状（如直线 H）。

同时可以看出，腹板变形相对较小，在变形控制上可以选择增加定位夹具的方法及控制加工路径来减小加工误差的产生。

3.7　本 章 小 节

针对立铣加工，建立了薄壁结构零件变形误差预测的柔性模型，提出了柔性的迭代算法，基于此得到的双层迭代方法可以有效地解决薄壁结构零件加工最大变形误差的预测问题。提出了考虑刀具/工件实际变形的精确的加工变形的计算方法，使得变形误差的计算得到较精确的解答。通过对刀具的等效悬臂梁建模、工件与刀具耦合变形的迭代修正求解，以及最大变形和位置的逼近求解等实现了薄壁结构零件变形误差的精确预测与快速控制。

针对航空铝合金材料 7050-T7451 组织了实验，并与预测结果进行比较，表明：①所建立的方法能有效地处理柔性薄壁结构零件的数值仿真；②柔性模型预测表面误差和切削力较刚性模型精度高；③建立了考虑工件/刀具变形位置的柔性迭代算法，其运算速度快于一般方法，精度更高；④双层迭代模型可以直接得到薄壁结构零件预测的表面误差预测与实验结果具有更好的一致性，并且由于计算量小，可以在控制加工变形的同时大大提高误差预测速度。

总结了航空整体结构件的薄壁特征，对典型的航空薄壁件——框体和腹板进行了仿真计算和实验研究，并对其变形规律进行了分析总结，为下一步航空整体结构件的加工变形的参数优化控制提供了基础。

参 考 文 献

[1] KLINE W A，DEVOR R E，SHAREEF I A. The prediction of surface accuracy in end milling[J]. ASME J Eng Ind，1982，104：272 - 278.

[2] WSUTHERLAND J，DEVOR R E. An improved method for cutting force and surface error prediction in flexible end milling systems[J]. ASME J Eng Ind，1986，108：269 - 279.

[3] BUDAK E，ALTINTAS Y. Flexible milling force model for improved surface error predictions[J]. Proceedings of the Engineering System Design and Analysis，1992，47 (1)：89 - 94.

[4] TSAI J S，LIAO C L. Finite-element modeling of static surface errors in the peripheral milling of thin-walled workpieces[J]. J Mater Process Tech，1999，94：235 - 246.

[5] BUDAK E，ALTINTAS Y. Peripheral milling conditions for improved dimensional accuracy[J]. Int J Mach Tools Manuf，1994，34：907 - 918.

[6] WANM，ZHANG W H，QIU K P，et al. Numerical prediction of static form errors in peripheral milling of thin-walled workpieces with irregular meshes[J]. ASME J Manuf Sci Eng，2005，127：13 - 22.

[7] 武凯. 航空薄壁件加工变形分析与控制[D]. 南京：南京航空航天大学，2002.

[8] 董辉跃，柯映林. 薄壁板高速铣削加工的让刀误差预测[J]. 浙江大学学报，2006，4：634 - 637.

[9] 毕运波，柯映林，董辉跃. 基于物理学的铣削过程仿真关键技术[J]. 浙江大学学报，2007，41(4)：541 - 546.

[10] Kops L，Vo D T. Determination of the equivalent diameter of an end mill based on its compliance[J]. CIRP Ann，1990，39 (1)：93 - 96.

[11] YANGL Q，RICHARD E，DEVORSHIVR K G. Analysis of Force Shape Characteristics and Detection of Depth-of-Cut Variations in End Milling[J]. Journal of Manufacturing Science and Engineering，2005，127(3)：454 - 462.

[12] KLINE W A，DEVOR R E，LINDBERG R. The prediction of cutting forces in end milling with application to cornering cuts[J]. International Journal of Machine Tool Design and research，1982，22(1)：7 - 22.

第4章 薄壁结构零件加工变形预测的
非有限元方法

【内容提要】 本章提出了基于实际切削深度的薄壁结构零件加工表面误差预测理论及基于弹性薄板理论的薄壁结构零件加工变形预测技术。以立铣加工为对象,提出了一种根据实际径向切深预测薄壁结构零件加工表面最大变形误差的高效计算方法。在切削力分类的基础上,通过定义切削力分析指标,考虑刀具/工件的变形,得到了基于切削力曲线形状特征的实际切深的计算方法,并应用于薄壁结构零件最大变形的预测中。以典型航空铝合金材料为对象,通过合理安排实验,并与数值计算结果对比,验证了最大变形误差算法的正确性及有效性。该方法基于切削力信号,不必进行有限元计算,效率高,可用于切削过程在线监控系统中,进行加工超差在线预测和控制;基于弹性薄板理论,应用功的互等定理,在得到一集中力作用下薄壁结构零件变形的基础上,通过集中力作用位置的计算、切削过程中的薄壁工件的刚度修正及实际切深的修正等关键技术的研究,简化了变形求解过程,并进行了数值算例分析。以上两种方法均有求解过程简单、计算速度快的特点,计算精度也较高。

4.1 引 言

第3章介绍的薄壁结构零件加工变形的预测方法是基于有限元技术得到的,必须建立有限元计算模型,并经由有限元分析软件进行烦琐、耗时的迭代运算,对于每一个刀具进给位置、每一个刀具旋转增量位置,计算对应表面生成点的变形误差,从而得到整个表面误差。通过对比得到每一进给位置的最大变形误差,再限制其在允许误差范围之内。此方法,不仅计算量大,过程烦琐,且必须具备大型的有限元分析软件,甚至其他大型的 3D 造型软件,代价大,且计算速度慢,分析周期较长。

为了快速有效地得到最大加工变形,减少预测时间,甚至于实现在线误差补偿,本章建立了基于切削力信号的实际切深计算方法并应用于薄壁结构零件最大变形误差的预测中;针对简单侧壁的加工变形问题,提出了基于弹性薄板理论的变形误差预测技术。同时针对以上方法组织了实验及计算算例,并进行了分析对比。

4.2 基于实际切深的表面误差预测技术

如第 2 章所述,切削力的大小与切削面积有关。在某一刀具/工件接触位置,切削厚度 t_c 随径向切深 d_r 及每齿进给量 f_z 的增大而增大(d_r 小于刀具半径 R 时),最终引起切削力的增大。考虑一单齿顺铣切削过程,从图 4-1 所示瞬时可以判断,随切削面积的变化,切削力将会先增大,后保持最大值不变,再减小,到 G 点切出刀具/工件接触区域,如图 4-2 所示。

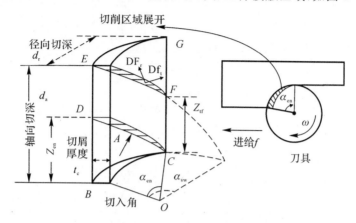

图 4-1　瞬时铣削力变化

图 4-2　铣削力的理论变化

4.2.1　柔性系统实际切深的计算

由于切削力的作用,薄壁结构零件加工中刀具各个旋转角度位置的实际切深都不一样,如 3.3.2 节所述。而对于薄壁结构零件的表面加工误差的控制,只需要限制工件的最大变形在加工误差范围之内即可。所以可以根据切削力信号提取出计算薄壁结构零件最小实际切深的变形指标,并用于计算薄壁结构零件加工变形的最大值,可以大大提高计算效率。同时,由于刀具偏心和机床误差等都会在切削力信号中有所体现,就方法本身而言,计算精度也有进一步提高的空间。

1. 侧壁加工变形最大值的确定

如 3.4.1 节所述,薄壁结构零件加工中存在着两个可能的最大变形:$\delta_W(\max)$(E 点产生的主要由工件的刚度变小而引起的最大变形)及 $\delta_C(\max)$(C 点产生的主要由刀具的变形产生的最大值)。某一进给位置 l 处的加工变形最大值为

$$\delta_l(\max) = \max[\delta_W(\max), \delta_C(\max)] \qquad (4-1)$$

2. 实际切深及最大变形误差的计算

先假设切削过程中刀具和工件接触线上各个刀具微元始终在一条直线上(由此而引起的预测误差将由下文提供的方法进行补偿)。以下针对薄壁结构零件加工中常见的切削类型

2NO 及类型 Ⅳ 进行研究。

柔性系统中两个误差指标 P_{er}^c 和 P_{er}^w 定义如图 4-3 和图 4-4 所示。对应位置的切削力幅值为 F_{er}^c 和 F_{er}^w。

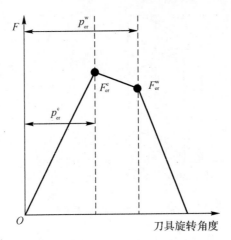

图 4-3　类型 2NO 的切削力指标

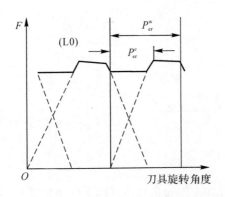
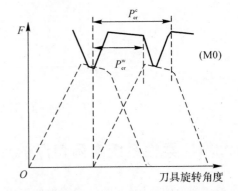

图 4-4　类型 Ⅳ 的切削力指标

如图 4-5 所示，E_{vk}，E_{1k} 为最大加工变形产生位置。δY_C^c，d_{rr}^c 分别为对应于工件底端刀具的变形以及对应的实际径向切深；而 δY_w^w，δY_C^w、d_{rr}^w 分别表示工件上部工件和刀具的变形以及实际的加工径向切深。同第 3 章方法，可得如下关系：

$$d_{rr}^w = d_r - \delta Y_C^w - \delta Y_w^w - \Delta \qquad (4-2)$$

$$d_{rr}^C = d_r - \delta Y_C^C - \Delta' \qquad (4-3)$$

式中：Δ，Δ'——由于工件/刀具的变形呈曲线状而导致 E_{vk}，E_{1k} 处实际切深的偏小量，如图 4-5 所示。

如图 4-5(b) 所示，以刀具和工件刚刚接触为 0° 时的位置，那么对应于 $\overline{F_{vk}E_{vk}}$ 的刀具旋转角度为

$$\alpha'_{sw} = \alpha_{sw}^w + \alpha'_{en} = P_{er}^w \qquad (4-4)$$

式中：α_{sw}^w——d_{rr}^w 所对应的刀具扫略角 $\alpha_{sw}^w = d_a \tan\alpha_{hx}/R$；

α'_{en}——$\overline{B_0 B_1}$ 对应的刀具切入角；

P_{er}^w——从切削力信号提取的变形误差指标。

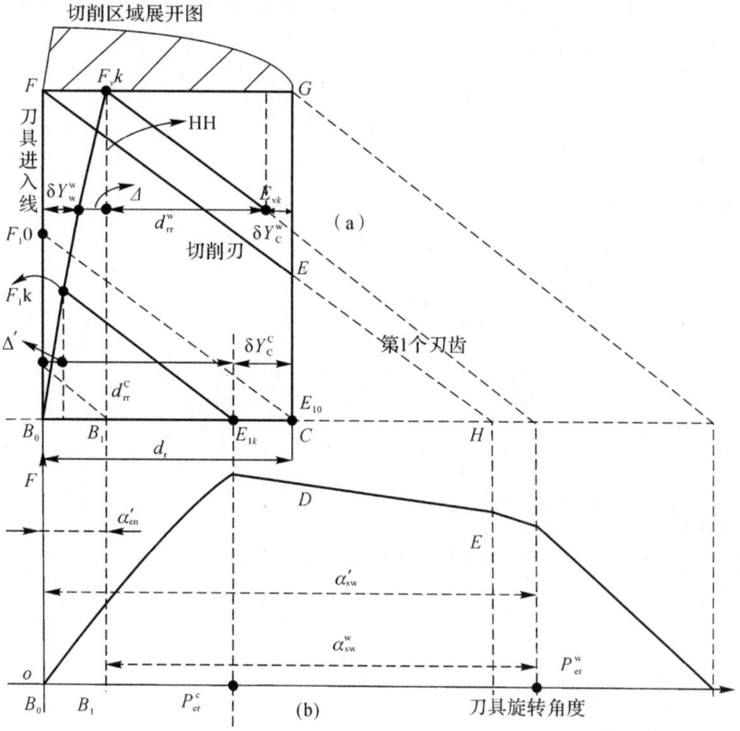

图 4 - 5　切削力类型 Ⅱ 实际切深的计算及其切削力的变化

$$\alpha'_{en} = \arccos[1 - (\delta Y_w^w + \Delta)/R] \tag{4-5}$$

可求得

$$d_{rr}^w = d_r - [1 - \cos(P_{er}^w - \alpha_{sw}^w)]R - \delta Y_C^w \tag{4-6}$$

由于工件底部变形很小，Δ'可略去，那么有

$$d_{rr}^C = R(1 - \cos P_{er}^c) \tag{4-7}$$

由切削力信号得到 F_{er}^c 和 F_{er}^w 后，可以利用等效悬臂梁理论计算刀具变形 δY_C^w（见式 3-1），然后由式（4-6）得到实际切深 d_{rr}^w。

得到 δY_C^w 及变形指标值后便可通过式（4-6）和式（4-7）得到实际切深，结合式（4-1）进行最大表面变形误差的预测，其中

$$\left.\begin{array}{l} \delta_w(\max) = d_r - d_{rr}^w \\ \delta_C(\max) = d_r - d_{rr}^C \end{array}\right\} \tag{4-8}$$

$$\delta_l(\max) = \max[d_r - d_{rr}^C, d_r - d_{rr}^w] \tag{4-9}$$

4.2.2　实验验证

切削力信号由于受许多未知参数的影响，为了得到上述的误差指标，需要对切削力信号进行降噪滤波处理。尽管利用低频过滤技术可以消除噪声误差，但是也会扭曲切削力信号，也可能使得本来明显的曲线特征变得模糊，不利于指标的提取。所以本书先通过平均力法得到均

匀变化的信号，P_{er}^{c}通过此时的平均力信号提取即可。

利用典型的微分环节对切削力信号进行进一步处理，提取其幅值为 0 的两点之间的距离即为变形误差指标——P_{er}^{w}。

$$\dot{Y}(s) = \frac{s}{1 + s/\omega_0} Y(s) \tag{4-10}$$

式中：ω_0——单齿切削频率；

$\quad s$ ——拉普拉斯变换变量。

通过应用式(4-11)所示的 z 变换系数，式(4-10)转换成式(4-12)：

$$s = \frac{2}{h} \frac{z-1}{z+1} \tag{4-11}$$

$$\left. \begin{array}{l} \dfrac{\dot{Y}(z)}{Y(z)} = \dfrac{(h/2)(1 - z^{-1})}{(1 + \zeta) + (1 - \zeta)z^{-1}} \\[3mm] \zeta = \dfrac{2}{\omega_0 h} \end{array} \right\} \tag{4-12}$$

式中：h——间隔取样点数。

为便于数值计算，将式(4-12)展开为差分形式：

$$\dot{y}(kh) = b_1 \dot{y}[(k-1)h] + a_0\{y(kh) - y[(k-1)h]\} \tag{4-13}$$

其中，$b_1 = \dfrac{\zeta - 1}{\zeta + 1}$，$a_0 = \dfrac{2/h}{\zeta + 1}$。

如图 4-6 所示，平均信号过滤了噪声的影响并去除了存在较小刀具偏心和倾斜而造成的信号波动。微分信号为 0 的两点间距离即为误差指标 P_{er}^{w}。

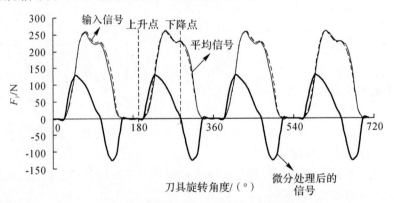

图 4-6　切削力信号的平均和微分处理

为验证本书所建立的根据实际切深计算表面最大误差的有效性，针对表 3-3 所示的两个实验，进行变形误差的预测与验证，实验参数见表 4-1

表 4-1　实验参数

实验序号	K_T	K_R	d_a/mm	刀具直径/mm	壁厚/mm	d_r/mm
1	1760.905	0.646 99	30	12	6	2
2	1458.062	0.707 8	24	12	5.2	2

测得的实验相应各进给位置的最大变形及根据实际切深的计算值的对比如图 4 - 7 所示。可以看出,由实际切深算法得到的最大变形误差与实测值吻合较好,最大误差为 16.2%(实验1),发生在刀具距切出位置 4mm 左右的位置。可能是由于工件刚度最小,而刀具已部分切出工件,使得振动因素增强,切削力信号不稳所造成的。实验工件在相应位置有明显的接刀痕。其他进给位置处的计算和实测值之间的误差均小于 15.4%。

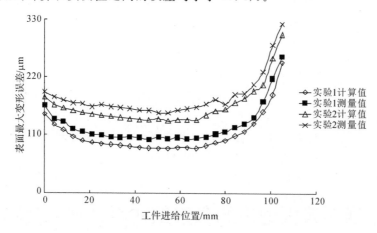

图 4 - 7　实际切深算法得到的表面最大误差对比

图 4 - 8(a)(b)(基于有限元的双层迭代法)均需通过有限元软件进行工件/刀具的变形分析,采用柔性计算模型经迭代运算后方可得到表面误差,计算效率较低,但柔性迭代法的计算精度较高,而图 4 - 8(c)用实际切深算法通过柔性系统下切削力信号特征的分析及指标的提取,直接得到最大加工变形。在 Pentium - Ⅳ 计算机运行结果显示,柔性迭代法需时 780s,而实际切深算法仅需时 3s,速度提高了约 260 倍。实际切深算法可以在保证精确度的前提下大大提高最大加工变形误差的计算速度,为大型薄壁结构零件在线预测加工变形并进行补偿提供了途径。同时,给加工完毕后的检验检测提供便利的参考依据(最大变形误差可以在加工结束后立即得到),可以根据预测结果对变形突出部分进行重点检测。

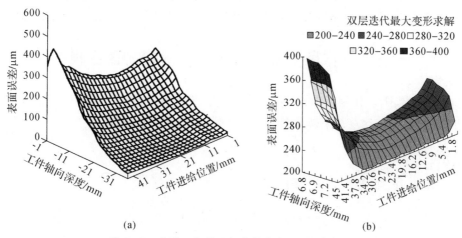

图 4 - 8　实验 3 条件下相应最大表面误差的对比

(a)实验 3 数据;(b)双层迭代法

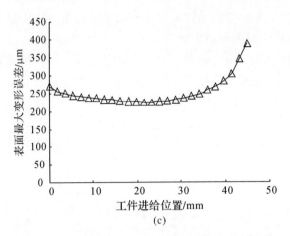

续图 4 - 8　实验 3 条件下相应最大表面误差的对比

（c）实际切深算法

4.3　基于弹性薄板理论的薄壁结构零件加工变形预测技术

薄壁结构零件加工问题在忽略工件材料和重力情况下,可视为一理想悬臂矩形板,其一边固定,其余三边自由,并有两个自由角点。寻求在力作用下满足微分方程及所有的边界条件（包括角点条件）的精确的解析解,一度被认为是薄板弯曲理论中的一个难题。我国的张福范教授引入广义简支边的概念,在 Levy 解的基础上,应用叠加法,解决了若干悬臂矩形板问题,包括:集中力作用于与固定边平行的自由边中点引起的对称弯曲;集中力不作用于自由边中点引起的非对称弯曲;均布载荷作用下悬臂矩形板的弯曲;不连续载荷作用下的悬臂矩形板的弯曲,以及两相邻边固定的悬臂矩形板的弯曲;等等。而付宝连等应用功的互等定理进一步研究了在一集中载荷作用下的悬臂矩形板的不对称弯曲问题,该方法简单和通用。

应用功的互等定理,以下部分在讨论薄壁板变形解析求解的基础上,通过简化薄壁结构零件加工变形预测模型,得到了薄壁结构零件加工变形的解析求解算法,并进行了算例分析研究。

4.3.1　一集中力作用下薄壁结构零件的挠曲面方程

假设一集中载荷 P 作用于悬臂矩形薄板上的任意一点 (X_0, Y_0),如图 4 - 9（b）所示。解除固定边的弯曲约束,这一约束被分布弯矩所代替,如图 4 - 9（c）所示。

$$M(X)_{Y=0} = \sum_{m=1}^{+\infty} G_m \sin \frac{m\pi X}{a}$$

假设三个自由边的挠度方程分别为

$$W(Y)_{X=0} = k_1 \frac{Y}{b} + \sum_{n=1}^{+\infty} A_{1n} \sin \frac{n\pi Y}{b}$$

$$W(Y)_{X=a} = k_2 \frac{Y}{b} + \sum_{n=1}^{+\infty} A_{2n} \sin \frac{n\pi Y}{b}$$

$$W(X)_{Y=b} = k_1 + \frac{k_2 - k_1}{a}X + \sum_{m=1}^{+\infty} B_m \sin\frac{m\pi X}{a}$$

在图 4-9(a)所示本系统和 4-9(c)所示实际系统之间应用功的互等定理,则可以得到实际系统的悬臂矩形板的挠曲面方程如下形式:

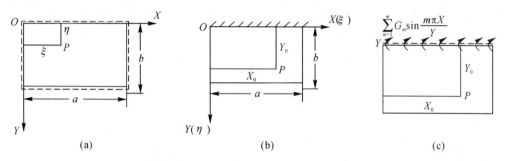

图 4-9　承受集中力的悬臂矩形板示意

$$W(\xi,\eta) = PW_0(X_0,Y_0;\xi,\eta) + \int_0^a \left(\frac{\partial W_0}{\partial y}\right)_{Y=0} \sum_{m=1}^{+\infty} G_m \sin\frac{m\pi X}{a}\mathrm{d}X - \int_0^a (V_{OY})_{Y=b} \sum_{m=1}^{+\infty} B_m \sin\frac{m\pi X}{a}\mathrm{d}X -$$

$$\int_0^b (V_{OX})_{X=a} \sum_{n=1}^{+\infty} A_{2n} \sin\frac{n\pi Y}{b}\mathrm{d}Y + \int_0^b (V_{OX})_{X=0} \sum_{n=1}^{+\infty} A_{1n} \sin\frac{n\pi Y}{b}\mathrm{d}Y + \left[-\int_0^a (V_{OY})_{Y=b} \left(k_1 + \frac{k_2-k_1}{a}X\right)\mathrm{d}X - \right.$$

$$\left. \int_0^b (V_{OX})_{X=a} k_2 \frac{Y}{b}\mathrm{d}Y + \int_0^b (V_{OX})_{X=0} k_1 \frac{Y}{b}\mathrm{d}Y + (R_0)_{\substack{X=a\\Y=b}} k_2 - (R_0)_{\substack{X=0\\Y=b}} k_1 \right] \quad (4-14)$$

式(4-14)可表示为

$$W(\xi,\eta) = W_1 + W_2 + W_3 + W_4 + W_5 + W_6 \quad (4-15)$$

且有

$$W_1 = \frac{Pa^2}{\pi^3 D} \sum_{m=1}^{+\infty} \left[1 + \beta_m \mathrm{cth}\beta_m - \frac{\beta_m(b-Y_0)}{b}\mathrm{cth}\frac{\beta_m(b-Y_0)}{b} - \frac{\beta_m\eta}{b}\mathrm{cth}\frac{\beta_m\eta}{b}\right] \cdot$$

$$\frac{1}{m^3 \mathrm{sh}\beta_m} \mathrm{sh}\frac{\beta_m\eta}{b} \mathrm{sh}\frac{\beta_m(b-Y_0)}{b} \sin\frac{m\pi X_0}{a} \sin\frac{m\pi\xi}{a} \quad (4-16a)$$

其中,$\beta_m = m\pi b/a$,$\eta \leqslant Y_0$,当 $\eta > Y_0$ 时,$b-Y_0$ 须以 Y_0 来代替,ξ 以 $a-\xi$ 来代替。

式(4-16a)或者可以写为另一种形式:

$$W_1 = \frac{Pb^2}{\pi^3 D} \sum_{n=1}^{+\infty} \left[1 + \alpha_n \mathrm{cth}\alpha_n - \frac{\alpha_n(a-X_0)}{a}\mathrm{cth}\frac{\alpha_n(a-X_0)}{a} - \frac{\alpha_n\xi}{a}\mathrm{cth}\frac{\alpha_n\xi}{a}\right] \cdot$$

$$\frac{1}{n^3 \mathrm{sh}\alpha_n} \mathrm{sh}\frac{\alpha_n\xi}{a} \mathrm{sh}\frac{\alpha_n(a-X_0)}{a} \sin\frac{n\pi Y_0}{b} \sin\frac{n\pi\eta}{b} \quad (4-16b)$$

其中,$\alpha_n = n\pi a/b$,$\xi \leqslant X_0$。当 $\xi > X_0$ 时,$a-X_0$ 须以 X_0 来代替,η 以 $a-\eta$ 来代替。

$$W_2 = \int_0^a \left(\frac{\partial W_0}{\partial y}\right)_{Y=0} \sum_{m=1}^{+\infty} G_m \sin\frac{m\pi X}{a}\mathrm{d}X =$$

$$\frac{a^2}{2\pi^2 D} \sum_{m=1}^{+\infty} \frac{G_m}{m^2} \left[-\frac{\beta_m}{\mathrm{sh}^2\beta_m}\mathrm{sh}\frac{\beta_m\eta}{b} + \mathrm{cth}\beta_m \cdot \left(\frac{\beta_m\eta}{b}\right)\mathrm{ch}\frac{\beta_m\eta}{b} - \frac{\beta_m\eta}{b}\mathrm{sh}\frac{\beta_m\eta}{b}\right]\sin\frac{m\pi\xi}{a} \quad (4-17)$$

$$W_3 = -\int_0^a (V_{OY})_{Y=b} \sum_{m=1}^{+\infty} B_m \sin\frac{m\pi X}{a}\mathrm{d}X = \frac{1-\upsilon}{2}\sum_{m=1}^{+\infty} \frac{B_m}{\mathrm{sh}\beta_m}\left[\left(\frac{2}{1-\upsilon} + \beta_m\mathrm{cth}\beta_m\right)\mathrm{sh}\frac{\beta_m\eta}{b} - \right.$$

$$\left. \frac{\beta_m\eta}{b}\mathrm{ch}\frac{\beta_m\eta}{b}\right]\sin\frac{m\pi\xi}{a} \quad (4-18)$$

$$W_4 = -\int_0^b (V_{OX})_{X=a} \sum_{n=1}^{+\infty} A_{2n} \sin\frac{n\pi Y}{b} \mathrm{d}Y =$$

$$\frac{1-\upsilon}{2} \sum_{n=1}^{+\infty} \frac{A_{2n}}{\mathrm{sh}\alpha_n} \left[\left(\frac{2}{1-\upsilon} + \alpha_n \mathrm{cth}\alpha_n \right) \mathrm{sh}\frac{\alpha_n\xi}{a} - \frac{\alpha_n\xi}{a}\mathrm{ch}\frac{\alpha_n\xi}{a} \right] \sin\frac{n\pi\eta}{b} \qquad (4-19)$$

$$W_5 = \int_0^b (V_{OX})_{X=0} \sum_{n=1}^{+\infty} A_{1n} \sin\frac{n\pi Y}{b} \mathrm{d}Y =$$

$$\frac{1-\upsilon}{2} \sum_{n=1}^{+\infty} A_{1n} \left[\frac{2}{1-\upsilon}\mathrm{ch}\frac{\alpha_n\xi}{a} - \left(\frac{2}{1-\upsilon}\mathrm{cth}\alpha_n + \frac{\alpha_n}{\mathrm{sh}^2\alpha_n} \right) \mathrm{sh}\frac{\alpha_n\xi}{a} + \right.$$

$$\left. \mathrm{cth}\alpha_n \cdot \left(\frac{\alpha_n\xi}{a} \right) \mathrm{ch}\frac{\alpha_n\xi}{a} - \frac{\alpha_n\xi}{a}\mathrm{sh}\frac{\alpha_n\xi}{a} \right] \sin\frac{n\pi\eta}{b} \qquad (4-20)$$

$$W_6 = \frac{k_1}{b}\eta + \frac{k_2 - k_1}{ab}\xi\eta \qquad (4-21)$$

将式(4-16)~式(4-21)代入式(4-15),便得到悬臂矩形板的挠曲面的一般方程。

4.3.2 满足边界条件

当集中载荷不作用在板的边缘上时,挠曲面方程式(4-15)必须满足下述边界条件:

$$\left. \begin{array}{l} \left(\dfrac{\partial W}{\partial \eta} \right)_{\eta=0} = 0 \\[3mm] \left[\dfrac{\partial^3 W}{\partial \eta^3} + (2-\upsilon)\dfrac{\partial^3 W}{\partial \eta \partial \xi^2} \right]_{\eta=b} = 0 \end{array} \right\} \qquad (4-22)$$

$$\left. \begin{array}{l} \left[\dfrac{\partial^3 W}{\partial \xi^3} + (2-\upsilon)\dfrac{\partial^3 W}{\partial \xi \partial \eta^2} \right]_{\xi=0,a} = 0 \\[3mm] \left(\dfrac{\partial^2 W}{\partial \xi \partial \eta} \right)_{\substack{\xi=0,a \\ n=b,b}} = 0 \end{array} \right\} \qquad (4-23)$$

$$\left. \begin{array}{l} W_{\eta=0} = 0 \\[2mm] \left(\dfrac{\partial^2 W}{\partial \eta^2} + \upsilon\dfrac{\partial^2 W}{\partial \xi^2} \right)_{\eta=b} = 0 \\[3mm] \left(\dfrac{\partial^2 W}{\partial \xi^2} + \upsilon\dfrac{\partial^2 W}{\partial \eta^2} \right)_{\xi=0,a} = 0 \end{array} \right\} \qquad (4-24)$$

考察式(4-20)右端各项满足边界条件,可以得到

$$\frac{G_m a^2}{4\pi^2 Dm^2} \left(\mathrm{cth}\beta_m - \frac{\beta_m}{\mathrm{sh}^2\beta_m} \right) + \frac{B_m(1-\upsilon)}{4\mathrm{sh}\beta_m} \left(\frac{1+\upsilon}{1-\upsilon} + \beta_m\mathrm{cth}\beta_m \right) +$$

$$\frac{a}{\pi b} \sum_{n=1}^{+\infty} (A_{1n} - A_{2n}\cos m\pi) \frac{1}{n\left(\dfrac{a^2}{b^2} + \dfrac{m^2}{n^2} \right)^2} \left[(2-\upsilon)\frac{a^2}{b^2} + \frac{m^2}{n^2} \right] +$$

$$\frac{a}{\pi^2 b}\frac{1}{m^2}(k_1 - k_2\cos m\pi) + \frac{abP}{2\pi^2 D} \left[\mathrm{cth}\beta_m - \frac{b-Y_0}{b}\mathrm{cth}\frac{\beta_m(b-Y_0)}{b} \right] \cdot$$

$$\frac{1}{m^2\mathrm{sh}\beta_m}\mathrm{sh}\frac{\beta_m(b-Y_0)}{b}\sin\frac{m\pi X_0}{a} = 0 \qquad (m=1,2,3,\cdots) \qquad (4-25)$$

$$\frac{G_m(1+\upsilon)a^2}{2\pi D}\frac{1}{m^2\mathrm{sh}\beta_m} \left(1 + \frac{1-\upsilon}{1+\upsilon}\beta_m\mathrm{cth}\beta_m \right) - \frac{\pi}{2}(1-\upsilon)^2 B_m \left(\frac{3+\upsilon}{1-\upsilon}\mathrm{cth}\beta_m + \frac{\beta_m}{\mathrm{sh}^2\beta_m} \right) -$$

$$2\left(1-v\right)^2\frac{a^3}{b^3}\sum_{n=1}^{+\infty}\left(A_{1n}-A_{2n}\mathrm{cos}m\pi\right)\frac{\mathrm{cos}n\pi}{n\left(\dfrac{a^2}{b^2}+\dfrac{m^2}{n^2}\right)^2}+$$

$$\frac{Pa^2}{\pi^2D}\frac{1}{m^3}\left[2+\left(1-v\right)\beta_m\mathrm{cth}\beta_m-\left(1-v\right)\frac{\beta_mY_0}{b}\mathrm{cth}\frac{\beta_mY_0}{b}\right]\cdot\frac{1}{\mathrm{sh}\beta_m}\mathrm{sh}\frac{\beta_mY_0}{b}\sin\frac{m\pi X_0}{a}=0\,(m=1,2,3,\cdots)$$

$$(4-26)$$

$$\frac{a^2}{\pi^2Dn^2}\sum_{m=1}^{+\infty}\frac{G_m}{m\left(\dfrac{b^2}{a^2}+\dfrac{n^2}{m^2}\right)^2}\left[\frac{b^2}{a^2}+\left(2-v\right)\frac{n^2}{m^2}\right]-\left(1-v\right)^2\mathrm{cos}n\pi\sum_{m=1}^{+\infty}\frac{B_m}{m\left(\dfrac{b^2}{a^2}+\dfrac{n^2}{m^2}\right)^2}-$$

$$\frac{\pi}{4}\left(1-v\right)^2\frac{a^3}{b^3}A_{1n}\left(\frac{3+v}{1-v}\mathrm{cth}\alpha_n+\frac{a_n}{\mathrm{sh}^2a_n}\right)+\frac{\pi}{4}\left(1-v\right)^2\frac{a^3}{b^3}A_{2n}\left(\frac{3+v}{1-v}+a_n\mathrm{cth}\alpha_n\right)\frac{1}{\mathrm{sh}a_n}+$$

$$\frac{Pa^3}{2\pi^2Db}\frac{1}{n^3}\left[2+\left(1-v\right)\alpha_n\mathrm{cth}\alpha_n-\left(1-v\right)\frac{\alpha_n\left(a-X_0\right)}{a}\mathrm{cth}\frac{\alpha_n\left(a-X_0\right)}{a}\right]$$

$$\cdot\frac{1}{\mathrm{sh}a_n}\mathrm{sh}\frac{\alpha_n\left(a-X_0\right)}{a}\sin\frac{n\pi Y_0}{b}=0\qquad(n=1,2,3,\cdots)\qquad(4-27)$$

$$\frac{a^2}{\pi^2Dn^2}\sum_{m=1}^{+\infty}\frac{G_m\mathrm{cos}m\pi}{m\left(\dfrac{b^2}{a^2}+\dfrac{n^2}{m^2}\right)^2}\left[\frac{b^2}{a^2}+\left(2-v\right)\frac{n^2}{m^2}\right]-\left(1-v\right)^2\mathrm{cos}n\pi\sum_{m=1}^{+\infty}\frac{B_m\mathrm{cos}m\pi}{m\left(\dfrac{b^2}{a^2}+\dfrac{n^2}{m^2}\right)^2}-$$

$$\frac{\pi}{4}\left(1-v\right)^2\frac{a^3}{b^3}A_{1n}\left(\frac{3+v}{1-v}+a_n\mathrm{cth}\alpha_n\right)\frac{1}{\mathrm{sh}a_n}+\frac{\pi}{4}\left(1-v\right)^2\frac{a^3}{b^3}A_{2n}\left(\frac{3+v}{1-v}\mathrm{cth}\alpha_n+\frac{a_n}{\mathrm{sh}^2a_n}\right)-$$

$$\frac{Pa^3}{2\pi^2Db}\frac{1}{n^3}\left[2+\left(1-v\right)\alpha_n\mathrm{cth}\alpha_n-\left(1-v\right)\frac{\alpha_nX_0}{a}\mathrm{cth}\frac{\alpha_nX_0}{a}\right]\frac{1}{\mathrm{sh}a_n}\mathrm{sh}\frac{\alpha_nX_0}{a}\sin\frac{n\pi Y_0}{b}=0\quad(n=1,2,3,\cdots)$$

$$(4-28)$$

$$\frac{a^2}{\pi^2D}\sum_{m=1}^{+\infty}\frac{G_m}{\mathrm{sh}\beta_m}\left(\beta_m\mathrm{cth}\beta_m-1\right)-\left(1-v\right)\sum_{m=1}^{+\infty}B_mm^2\left(\frac{1+v}{1-v}\mathrm{cth}\beta_m+\frac{\beta_m}{\mathrm{sh}^2\beta_m}\right)+$$

$$\left(1-v\right)\frac{a^2}{b^2}\sum_{n=1}^{+\infty}A_{1n}n^2\left(\frac{1+v}{1-v}\mathrm{cth}\alpha_n+\frac{a_n}{\mathrm{sh}^2a_n}\right)\mathrm{cos}n\pi-$$

$$\left(1-v\right)\frac{a^2}{b^2}\sum_{n=1}^{+\infty}A_{2n}\frac{n^2}{\mathrm{sh}a_n}\left(\frac{1+v}{1-v}+a_n\mathrm{cth}\alpha_n\right)\mathrm{cos}n\pi-\frac{2}{\pi^2}\frac{a}{b}\left(k_2-k_1\right)-\frac{2P}{\pi^2D}\frac{a^3}{b}\sum_{n=1}^{+\infty}\left[\mathrm{cth}\alpha_n-\right.$$

$$\left.\frac{a-X_0}{a}\mathrm{cth}\frac{\alpha_n\left(a-X_0\right)}{a}\right]\frac{\mathrm{cos}n\pi}{\mathrm{sh}a_n}\mathrm{sh}\frac{\alpha_n\left(a-X_0\right)}{a}\sin\frac{n\pi Y_0}{b}=0\qquad(4-29)$$

$$\frac{a^2}{\pi^2D}\sum_{m=1}^{+\infty}\frac{G_m}{\mathrm{sh}\beta_m}\left(\beta_m\mathrm{cth}\beta_m-1\right)\mathrm{cos}m\pi-\left(1-v\right)\sum_{m=1}^{+\infty}B_mm^2\left(\frac{1+v}{1-v}\mathrm{cth}\beta_m+\frac{\beta_m}{\mathrm{sh}^2\beta_m}\right)\mathrm{cos}m\pi+$$

$$\left(1-v\right)\frac{a^2}{b^2}\sum_{n=1}^{+\infty}A_{1n}\frac{n^2}{\mathrm{sh}a_n}\cdot\left(\frac{1+v}{1-v}+a_n\mathrm{cth}\alpha_n\right)\mathrm{cos}n\pi-\left(1-v\right)\frac{a^2}{b^2}\sum_{m=1}^{+\infty}A_{2n}n^2\cdot$$

$$\left(\frac{1+v}{1-v}\mathrm{cth}\alpha_n+\frac{\alpha_n}{\mathrm{sh}^2\alpha_n}\right)\mathrm{cos}n\pi-\frac{2}{\pi^2}\frac{a}{b}\left(k_2-k_1\right)+$$

$$\frac{2P}{\pi^2D}\frac{a^3}{b}\sum_{n=1}^{+\infty}\left(\mathrm{cth}\alpha_n-\frac{X_0}{a}\mathrm{cth}\frac{\alpha_nX_0}{a}\right)\frac{\mathrm{cos}n\pi}{\mathrm{sh}a_n}\mathrm{sh}\frac{\alpha_nX_0}{a}\sin\frac{n\pi Y_0}{b}=0\qquad(4-30)$$

至此,得到一无穷线性联立方程组[式(4-25)~式(4-28)]以及两个独立的线性方程[式(4-29)和式(4-30)]。据此,可以计算诸系数 G_m,B_m,A_{1n},A_{2n},k_1,k_2,进而能够算出挠度变形。

4.3.3 薄壁结构零件立铣加工过程的简化

对于薄壁结构零件立铣加工过程而言,因为存在着材料的切除过程,以及刀具和工件接触力的非线性因素,要想应用以上解析方法,必须进行适当的简化。

对于立铣薄壁结构零件过程,随着加工过程的进行,其材料不断去除,工件刚度也相应变化,更重要的是,不规则的工件难以利用 4.3.2 节的方法解析求解变形。于是根据材料的去除情况,对加工过程做如图 4-10(a) 到图 4-10(b) 的简化,即加工过程中的薄壁结构零件,仍以一薄板代替,其厚度由下式求得:

$$W' = \frac{v - \Delta v_i}{HL} \approx \frac{HWL - lHd_\tau}{HL} = W - \frac{ld_\tau}{L} \qquad (4-31)$$

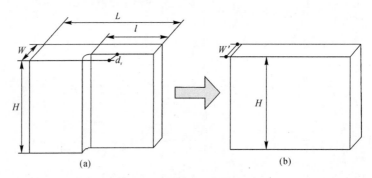

(a)　　　　　　　　　　　　　　(b)

图 4-10　立铣薄壁结构零件的简化

经简化后的薄板,其约束条件与 4.3.2 节的薄板相同,可以求其在一集中力作用下的解析解。然而,铣削刃作用于薄壁结构零件为一非线性的分布载荷。当然,可以将处于切削过程中的铣削刃细分,将每一微分段产生的铣削力作为集中力分别计算,然后叠加求和得到分布载荷下的加工变形。但是,随着微分段数量的增大其计算也将愈加麻烦与耗时。因此,以下根据矩相等原理,求解此分布载荷的等效集中力及其作用位置是很有必要的。

如图 4-11 所示,由于薄壁结构零件 Y_w 向的变形最为明显,所以仅就 F_Y 讨论刀具当量集中力作用位置的计算过程。针对最大变形位置,将与工件接触的微单元切削力对 E 点的 Z_c 向矩的和除以总切削力,就可以得到此时集中力作用位置的 Z_c 向坐标(相对于 E 点坐标 Z_E)。

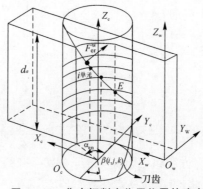

图 4-11　集中切削力作用位置的确定

微单元 i 的 Z_c 向坐标为

$$Z(i) = \tan(\alpha_{hx})R\sin\beta(i,j) \tag{4-32}$$

微单元 Y_w 向切削力为

$$DF_Y = K_T d_z t_c(\sin\beta + K_R\cos\beta) \tag{4-33}$$

所有切削接触区域的刀齿微元 Y_w 向切削力对点 E 矩的和为

$$M(E) = \sum DF_Y Z(i) = \int_0^{\alpha_{EN}} DF_Y Z(i)\mathrm{d}\beta \tag{4-34}$$

则集中力作用位置 $d_Y(z)$ 可由下式表示：

$$d_Y(z) = \frac{1}{\int_0^{\alpha_{EN}} DF_Y\mathrm{d}\beta}\int_0^{\alpha_{EN}} DF_Y Z(i)\mathrm{d}\beta =$$

$$\frac{1}{\int_0^{\alpha_{EN}} DF_Y\mathrm{d}\beta}\int_0^{\alpha_{EN}} \frac{K_T D_z f_z R\beta(\sin^2\beta + K_R\sin\beta\cos\beta)}{\tan\alpha_{hx}}\mathrm{d}\beta \tag{4-35}$$

很明显它并不在 H_{en} 的中间部位，而是切削区域靠上一部分位置。

如图 4-11 所示，采用弹性悬臂梁理论计算刀具的变形，参考式（3-1）得到集中力 F_{er}^w 作用在 $d_Y(z)$，引起点 E 的变形 δY_C^w 为

$$\delta Y_C^w = \frac{F_{er}^w(l_c - d_Y(z) - z_E)^2\{3(l_c - z_E) - [l_c - d_y(z) - z_E]\}}{6E_c I_c} + \frac{F_{er}^w}{k_c} \tag{4-36}$$

迭代过程同第 3 章，但是切削力的等效集中力的计算需要重新按式（4-36）得到其作用位置，循环迭代直到收敛。

4.3.4　算例

以下以 Fsai 等人的算例 3 为基础，对薄壁结构零件加工变形的解析求解算法进行验证。切削参数列于表 4-2 中。薄板长度为 63.5mm，高度为 34mm。

表 4-2　切削参数

切削参数	算例 3
K_T	$207\overline{h}^{-0.67}$
K_R	$1.39\overline{h}^{-0.043}$
铣削方式	顺铣
轴向切削深度/mm	34
径向切削深度/mm	0.65
单齿进给量/(mm·齿$^{-1}$)	0.008
螺旋角/(°)	30
铣刀直径/mm	19.05
齿数	1

续 表

切削参数	算例 3
装夹悬臂长度/mm	55.6
装夹刚度 k_c/(N·mm^{-1})	19 800
刀具弹性模量/GPa	620
工件材料牌号	Ti6A14V
加工前板厚/mm	2.45
工件弹性模量/GPa	110

以下计算进给位置 $l=5\text{mm}$,$l=35\text{mm}$,$l=60\text{mm}$ 处最大变形,如图 4-12 所示,即 F 点在角点,E 点距工件顶端 Z_{en} 处。

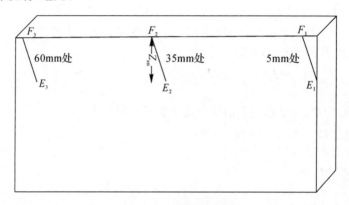

图 4-12 变形计算位置

(1)如图 4-12 所示 $l_3=60\text{mm}$ 位置的切入末端,由于材料去除差不多,可视为原厚度减去名义切深的薄板进行计算,经解析求解其系数。所有的计算过程均通过 Excel 和 MATLAB 进行计算得到。由试算结果可知,每组系数取前 20 项以上才能得到正确解,取前 25 项。

表 4-3 $l=60\text{mm}$ 处的变形求解系数

m 值	G_m	B_m	A_{1n}	A_{2n}
1	3260	0.005 460 525	0.019 38	0.000 101
2	−573 010	0.004 980 002	0.000 194	0.000 007 4
3	−1900	0.003 301 45	0.000 177	1.04E−5
4	−461 080	0.002 145 247	0.000 238	0.000 014
5	−600	0.001 189 044	−3.4E−5	−2E−6
6	−565 850	0.000 232 841	−0.000 45	0
7	2660	7.233 62E−5	0.000 238	0.000 014

续 表

m 值	G_m	B_m	A_{1n}	A_{2n}
8	−636 180	5.679 57E−5	0.000 136	0.000 008
9	−2160	3.635 77E−5	−0.001 51	−8.9E−5
10	−700 070	3.591 97E−5	−0.000 65	−3.8E−5
11	80	4.548 17E−6	0.006 052	0.000 356
12	−755 460	5.504 38E−7	0.000 408	0.000 024
13	420	6.460 58E−8	0.013 124	0.000 772
14	−801 310	1.416 78E−8	0.003 077	0.000 181
15	190	8.372 99E−9	0.012 682	0.000 746
16	−841 410	9.329 19E−10	−0.006 94	−0.000 41
17	310	1.028 54E−11	0.000 221	0.000 013
18	−876 010	1.124 16E−12	0.004 913	0.000 289
19	100	1.219 78E−12	−0.008 57	−0.000 5
20	−904 150	1.315 4E−13	−0.001 38	−8.1E−5
21	−2170	1.41E−14	0.003 247	0.000 191
22	−934 430	1.506 64E−15	0.001 275	0.000 075
23	2410	1.602 26E−16	0.001 649	0.000 097
24	−959 130	1.697 88E−17	−0.000 85	−0.000 05
25	−790	1.793 5E−18	−0.000 87	−5.1E−5
k_1	0.266	k_2	2.157	

应用以上系数得到变形值：

$W_1 = 1.528\ 72E−6$；

$W_2 = 0.000\ 177\ 185$；

$W_3 = 0.000\ 168\ 444$；

$W_4 = 7.869\ 89E−5$；

$W_5 = 4.976\ 23E−5$；

$W_6 = 4.225\ 63E−5$；

$W = W_1 + W_2 + W_3 + W_4 + W_5 + W_6 = 0.000\ 517\ 875 \text{m}$。

迭代求解，收敛后

$W = 501.43 \mu \text{m}$。

(2)对于 $l_2 = 35 \text{mm}$ 处，薄板厚度按式(4-31)得到。

解析求解系数见表 4-4。

表 4-4 $l_2 = 35$mm 处的变形求解系数

m 值	G_m	B_m	A_{1n}	A_{2n}
1	66 933.52	0.001 746 683	0.000 845	−40.962
2	−78 545.1	0.003 113 404	0.000 239 15	142
3	−7314.11	0.003 451 412	0.000 107 993	6475
4	−102 684	0.003 389 49	0.000 357	−4412
5	−520.035	0.001 819 237	−0.000 049 3	−224.96
6	−471 575	0.000 348 485	−0.000 643 167	221
7	2153.489	0.000 106 541	0.000 331 5	175.065
8	−503 680	8.26E−5	0.000 187	99.999 8
9	−1680.13	5.24E−5	−0.002 059 361	−1112
10	−536 761	5.14E−5	−0.000 872 1	−475
11	60.610 73	6.46E−6	0.008 115 182	4508.74
12	−566 639	7.78E−7	0.000 544	300
13	312.332 2	9.09E−8	0.017 414 538	9674.72
14	−591 490	1.99E−8	0.004 066 036	2262.5
15	139.344 4	1.17E−8	0.016 697 967	9378.54
16	−613 577	1.30E−9	−0.009 103 5	−5100
17	224.92	1.43E−11	0.000 289 25	163.078
18	−632 725	1.56E−12	0.006 414 194	3612.5
19	71.935 66	1.69E−12	−0.011 160 947	−6370.1
20	−648 027	1.82E−13	−0.001 790 1	−1012.5
21	−1550.13	1.94E−14	0.004 213 369	2386.27
22	−665 482	2.07E−15	0.001 651 705	937.499
23	1711.59	2.20E−16	0.002 132 946	1213.07
24	−679 440	2.33E−17	−0.001 097 917	−625
25	−558.313	2.46E−18	−0.001 118 43	−636.59
k_1	0.23		k_2	1.62

应用以上系数得到变形值：

$W_1 = 8.853\ 75\mathrm{E}-6$；

$W_2 = 0.000\ 128\ 74$；

$W_3 = 0.000\ 146\ 984$；

$W_4 = 4.824\ 8\mathrm{E}-5$；

$W_5 = 4.575\ 85\mathrm{E}-5$；

$W_6 = 1.992\ 5\mathrm{E}-5$；

$W = W_1 + W_2 + W_3 + W_4 + W_5 + W_6 = 0.000\ 398\ 227\mathrm{m}$

迭代求解，收敛后 $W = 370.12\mu\mathrm{m}$。

（3）如图 4-12 所示 $l_1 = 5\mathrm{mm}$ 位置的初始切入端，由于材料去除较少，可视为原厚度的薄板进行计算。解析求解系数如表 4-5 所示。

表 4-5　$l_1 = 5\mathrm{mm}$ 处的变形求解系数

m 值	G_m	B_m	A_{1n}	A_{2n}
1	1 571 559.8	0.000 757 223	6.661 25E−5	410.241
2	−61 640.53	0.000 597 529	1.218 51E−6	177.498
3	−9314.537	4.507 38E−5	1.709 89E−7	8092.86
4	−941 32.99	3.355 39E−5	5.355E−7	−5515
5	−450.727 3	2.927 83E−5	−7.148 5E−8	−280.7
6	−393 006.7	2.721 57E−5	−9.111 53E−7	276.249
7	1743.426 2	2.569 2E−5	4.617 32E−7	218.932
8	−398 776	1.202 38E−5	2.571 25E−7	124.999
9	−1306.866	9.55E−6	−2.80302E−6	−1389.1
10	−411 548.1	9.345 22E−6	−1.177 34E−6	−593.75
11	45.920 755	9.18E−7	1.088 17E−5	5734.11
12	−425 012.3	1.10E−8	7.253 33E−7	374.999
13	232.265 24	2.49E−8	2.310 78E−5	12135.1
14	−436 610.5	2.782 56E−8	5.372 98E−6	2828.12
15	102.194 02	1.633 3E−8	2.198 57E−5	118 14.9
16	−447 435.7	1.808 98E−9	−1.194 83E−5	−6375
17	163.190 38	1.983 88E−11	3.785 77E−7	204.847
18	−457 005	2.158 13E−12	8.374 09E−6	4515.62
19	51.747 39	2.331 82E−12	−1.453 86E−5	−8085.7

续 表

m 值	G_m	B_m	A_{1n}	A_{2n}
20	−464 457.2	2.505 05E−13	−2.327 13E−6	−1265.6
21	−1107.326	2.677 88E−14	5.467 35E−6	2980.68
22	−473 942.7	2.850 38E−15	2.139 71E−6	1171.87
23	1215.576 8	3.022 57E−16	2.758 92E−6	1517.34
24	−481 309.6	3.194 52E−17	−1.418 14E−6	−781.25
25	−394.573 8	3.366 23E−18	−1.442 77E−6	−794.12
k_1	1.8605		k_2	9.058

应用以上系数得到变形值：

$W_1 = 7.95E−7$；

$W_2 = 0.000\ 137\ 48$；

$W_3 = 0.000\ 123\ 3$；

$W_4 = 4.445\ 3E−5$；

$W_5 = 4.155\ 32E−5$；

$W_6 = 4.180\ 4E−5$；

$W = W_1 + W_2 + W_3 + W_4 + W_5 + W_6 = 0.000\ 389\ 424\text{m}$

迭代求解收敛后得 $W = 370.4\mu\text{m}$。

与实验及仿真结果进行比较，如图 4-13 所示。

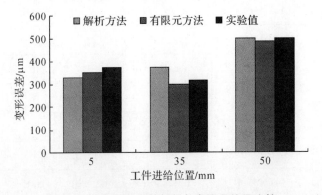

图 4-13 变形预测的解析与有限元结果比较

可以看出，薄壁结构零件加工变形的解析求解方法可以较为精确地预测加工变形误差，与有限元方法比较，其预测偏差在最大变形位置不大于 10%，求解时间可以在 1min 之内完成迭代收敛。由图 4-13 知，解析求解精度在两侧较高，中间则精度较差，主要原因在于中间位置处有刚度的突变,均匀化的工件较实际加工简化了刚度的影响,增大了加工变形。修正的方法是进行工件材料的当量去除,以等效刚度来计算加工变形,如图 4 – 14 所示。

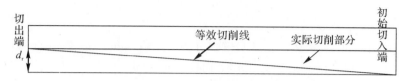

图 4 – 14　用于解析求解的薄壁结构零件等效切削过程

经修正的解析解如图 4 – 15 所示,可以看出中间变形求解部位的误差预测精度也大大提高,而边缘部位也没有受到影响。

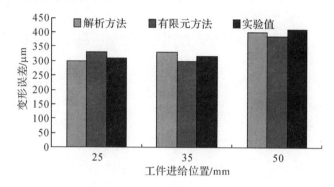

图 4 – 15　经修正的工件中间部位的变形解析预测结果

4.4　本章小结

通过分析切削力变化曲线特征提取出切削力分析指标,并基于切削力的分类结合间隔平均力计算方法,建立了实际切深的计算方法,用于表面最大变形误差的预测。实验表明,应用切削力指标计算实际切深并进行表面误差预测有着较高的精确度(小于 16.2%)及很高的计算速度。这为实时检测变形误差并进行补偿提供了很好的解决途径。

基于弹性薄板理论,应用功的互等定理,在一集中力作用下薄板变形求解的基础上,通过对薄壁结构零件加工过程中工件厚度的均匀等效切除及修正计算,以及分布切削力的等效集中力的求解简化了薄壁结构零件加工变形预测过程,得到了薄壁结构零件加工变形的解析求解算法,并进行了算例分析研究。解析方法求解薄壁结构零件加工变形存在着计算速度快的特点,变形误差预测结果也较为精确。对于简单的直壁件,完全可以用解析方法进行加工变形误差的求解。

然而,基于实际切深的最大变形预测方法须提前得到切削力信号,而且必须对切削力信号进行处理,一旦振动,分析效果较差;基于弹性薄板理论的变形预测方法仅适用于简单的薄直壁的加工变形的预测问题。对于较复杂结构的薄壁零件及不能提供测力仪的情况,仍需采用基于有限元的方法进行变形预测。几种方法的综合应用可达到提高工作效率的目的。

参 考 文 献

［1］ KLINE W A, DEVOR R E, SHAREEF I A. The prediction of surface accuracy in end milling [J]. ASME J Eng Ind, 1982, 104: 272 - 278.

［2］ BUDAK E, ALTINTAS Y. Modeling and avoidance of static form errors in peripheral milling of plates [J]. Int J Mach Tools Manuf, 1995, 35: 459 - 476.

［3］ TSAI J S, LIAO C L. Finite-element modeling of static surface errors in the peripheral milling of thin-walled workpieces[J]. J Mater Process Technol, 1999, 94: 235 - 246.

［4］ WANM, ZHANG W H, QIU K P, et al. Numerical prediction of static form errors in peripheral milling of thin-walled workpieces with irregular meshes[J]. J Manuf Sci Eng, 2005, 127: 13 - 22.

［5］ YANGL Q, RICHARD E, DEVORSHIV K G. Analysis of force shape characteristics and detection of depth-of-cut variations in end milling[J]. Journal of Manufacturing Science and Engineering, 2005, 127(3): 454 - 462.

［6］ KLINE W A, DEVOR R E, LINDBERG R. The prediction of cutting forces in end milling with application to cornering cuts[J]. International Journal of Machine Tool Design and research, 1982, 22(1): 7 - 22.

［7］ KOPS L, VO D T. Determination of the equivalent diameter of the end mill based on its compliance [J]. CIRP Ann, 1990, 39 (1): 93 - 96.

［8］ 楼文明. 航空薄壁件铣削加工变形补偿[D]. 西安: 西北工业大学, 2007.

［9］ 张福范. 弹性薄板[M]. 2 版. 北京: 科学出版社, 1984.

［10］ 朱雁滨, 付宝连. 再论在一集中载荷作用下悬臂矩形板的弯曲[J]. 应用数学和力学, 1986, 7(10): 917 - 928.

第5章　基于工艺参数优化的加工变形控制

【内容提要】 切削参数优化是实现航空整体薄壁零件优质、高效、低消耗生产的基础,也是控制加工变形的主要技术手段之一。切削参数优化也是加工变形误差预测的主要目的之一,在成功实现铣削力精确建模以及薄壁结构零件加工变形预测的基础上,通过切削参数优化可以得到满足生产要求的加工表面质量,同时保持较高的生产率。Budak 只考虑刀具的变形对表面误差的影响,应用等效悬臂梁理论研究了最大的表面误差的计算方法,并进行了切削参数的优选实验研究。另外,Budak 等人仅针对简单的薄侧壁进行了逆铣下的变形控制研究。而对于薄壁结构零件,引起加工变形的主要原因在于弱刚度的工件的变形,大量的航空薄壁结构零件精加工也只能采用顺铣。所以有必要就薄壁结构零件的加工变形问题,对切削参数进行顺、逆铣的对比优化,同时探讨在不同结构形式、不同工件形状的薄壁结构零件加工的参数优化问题。本章应用第 3 章和第 4 章高效的变形误差预测模型及精确的变形误差计算算法,对典型的航空薄壁特征进行了切削加工变形预测与切削参数的优化。通过切削参数的优化使得加工变形得到了控制,而加工效率也得到了很大的提高。最后,对切削路径的优化进行了讨论。

5.1　引　　言

进行切削参数的优化,从而满足加工要求,是切削加工仿真计算的最重要的目的。利用数值计算或有限元仿真得到优化的切削参数来控制表面质量及尺寸误差,在薄壁结构零件加工变形的控制研究中为众多学者所采用。Budak 在精确建立薄壁结构零件加工变形预测模型的基础上针对每齿进给 f_z,并基于仿真计算和实验研究对逆铣加工进行了切削参数的优化选择,Ratchev 从控制刀路,Kline、赵威针从拐角变形对变形进行了控制研究,武凯主要针对加工工艺及单因素的切削参数进行实验研究,还考虑了分层加工的方法来减小加工变形误差。然而针对薄壁结构零件加工变形控制的研究,如第 1 章所述,缺乏从理论到方法上的一致性,缺乏数值计算、模型建立及算法流程上的系统性,缺乏内容上的完整性,因此,并未形成较为高效、完整的控制加工变形的方法。

目前,国内在对薄壁结构零件加工表面误差的控制上,依然采用精加工最后一刀留一足够小的余量,用较低的进给率和很小的径向切深来得到所需的加工精度(包括成飞、西飞及西工大等的数控加工中心),这必然造成生产率的严重降低,也并不一定就可以减小加工误差。在第 3 章和第 4 章加工变形预测的基础上,通过研究薄壁结构零件加工变形产生的原因,经理论分析结合仿真和实验研究,对薄壁结构零件加工的切削参数进行优化,并提出结构和切削参数同步优化的思想,在控制加工变形的前提下提高加工效率。

薄壁结构零件加工变形补偿不能局限在一个加工部位,最终还要体现为刀具路径的控制。对整个刀路的控制要根据工件的预测变形进行插补得到,一般主要针对有突变的区域进行刀路插补,进行变形补偿,以期刀路设计不至于太烦琐。

5.2 针对加工变形的切削参数优化

5.2.1 切削参数优化模型

立铣薄壁结构零件切削加工涉及转速 n、每齿进给 f_z、径向切深 d_r、轴向切深 d_a 四个参数。如第 2 章所述,一定转速范围之内,切削力系数为平均切削厚度的指数函数,转速对切削力影响不大;而一般的航空制造业中,精加工为保证加工表面的完整性和提高切削效率,轴向切深也最好一次走完,d_a 也可排除在外。因此,以下的切削参数优化仅针对 f_z,d_r 来进行。同时,考虑 n,d_a 的作用对于切削过程中的限制性影响,甚至需要包含螺旋角、刀具直径等参数对变形的影响。

在前文(第 2 章和第 3 章)对切削过程进行分析及变形计算模型建立的基础上,针对薄壁结构零件加工过程中的刀具/工件变形,本章工艺参数优化的目标是:保证表面尺寸误差在允许范围之内的同时,提高材料去除效率。于是定义以下的参数优化目标函数:

$$
\left.
\begin{aligned}
& \min\left[\frac{\delta_{\max}(d_a,d_r,f_z)}{M_{PR}(d_a,d_r,f_z)}\right] \\
& \text{s. t.} \\
& \delta_{\max}(d_a,d_r,f_z) < N^{c_{\max}} \\
& d_r < R \\
& f_z < 0.2\,\mathrm{mm}/\text{齿}
\end{aligned}
\right\}
\tag{5-1}
$$

式(5-1)中 f_z 的约束主要由加工环境和表面粗糙度的要求而设定。M_{PR} 表示每转材料去除率。对于立铣加工过程,M_{PR} 定义为

$$
M_{PR} = d_r d_a f_z \times z
\tag{5-2}
$$

当然,根据以上优化得到表面误差若比要求的上偏差小很多,可以适当调整增大切削参数以提高生产率。根据前文提供的最大变形的计算方法,考虑薄壁结构零件加工变形的特点,基于数值计算和实验研究,研究薄壁结构零件切削参数的优化问题,并研究变切深、倾斜加工、结构优化等工艺方法的建模及同步控制的可行性和实用性。

5.2.2 最大变形的总结

如图 5-1 所示,对于仅考虑刀具变形的情况,顺铣情况下最大变形发生于工件最底部 C 位置,而逆铣情况下,最大变形发生在靠近 Z_{en} 位置的 D 位置。在 B 点位置可能有一个最小值,此处为法向切削合力为零的位置。

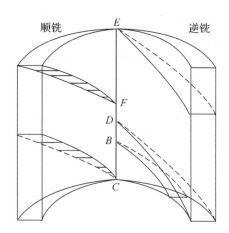

图 5 - 1　顺铣和逆铣情况下最大变形的位置区别

对于考虑工件也即薄壁结构零件加工中最大变形和可能超差的部位求解总结(参考表 3 - 9):

(1)简单侧壁:对于简单的侧壁可以根据第 3 章或第 4 章所提供的方法直接计算其最大变形及位置,一般发生在切削加工切入或切出端。

(2)弧形件等变形状侧壁:发生在工件的中间和两端。

(3)框形件:发生在工件中间部位和切削加工结束端。

(4)带孔侧壁:发生在孔周围或工件两端,需要计算孔周围一段区域和侧壁边缘一进给位置处的工件最大变形。

根据以上总结,变形预测系统可以在预先判定工件类型的情况下很快地调用相关的计算程序,进行解析或者调用有限元分析软件分析对比,最终得到该工件的最大变形及可能超差部位的变形值。

5.2.3　切削参数优化

如前文所述,对于薄壁结构零件的表面加工误差的控制,只需要限制工件的最大变形在加工误差范围之内即可。所以第 3 章及第 4 章专门研究了薄壁结构零件加工最大变形误差和位置的计算问题。为了体现最大变形和材料去除率的关系,定义了以下针对薄壁结构零件加工变形控制的优化目标:

$$S_{\mathrm{MSE}} = \frac{\delta_{\max}(d_{\mathrm{r}}, f_{\mathrm{z}})}{M_{\mathrm{PR}}} \tag{5-3}$$

$\delta_{\max}(d_{\mathrm{r}}, f_{\mathrm{z}})$定义为单位材料去除下,所产生的最大变形,它的值与径向切深 d_{r} 和每齿进给 f_{z} 相关。对于生产实际,$\delta_{\max}(d_{\mathrm{r}}, f_{\mathrm{z}})$越小越好,$M_{\mathrm{PR}}$越大越好,所以 S_{MSE} 值越小越好。

优化方法可以用于顺铣和逆铣过程,但是顺铣和逆铣切削过程的不同导致在进给方向的合力 F_X 和法向合力 F_Y 的组成上也有所不同。

对于逆铣,由于切削力的原因增加了径向切深对于 S_{MSE} 的影响。对于图 5 - 2(a)来说,切削微元力有如下关系:

$$\mathrm{d}F_Y = |\mathrm{d}F_{\mathrm{TY}} - \mathrm{d}F_{\mathrm{RY}}|$$
$$\mathrm{d}F_X = \mathrm{d}F_{\mathrm{TX}} + \mathrm{d}F_{\mathrm{RX}}$$

一部分的切向和径向切削力在 Y 方向有互相抵消的作用产生,导致在径向切深较小的情况下,切削力 F_Y 很小,从而影响到刀具/工件的变形。而且注意到在某一时刻,图 5-2 中 F_Y 由于单元力 dF_T 和 dF_R 在 Y 方向上的投影方向相反,导致如图 5-3 所示的 F_Y 有负值(在径向切深 d_r 很小的情况下)和零值出现,刀具/工件的变形直接和作用的法向力有关,所以零值处的径向切深似乎是应该选择的最佳切深,但是由于切削力在工件上的分布是非均匀的,所以精确的计算应该应用数值的方法来得到在每一轴向切削微单元作用下产生的变形。

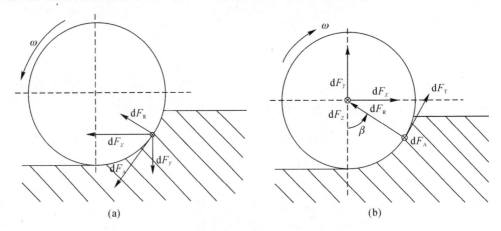

图 5-2　立铣切削力
(a)逆铣;(b)顺铣

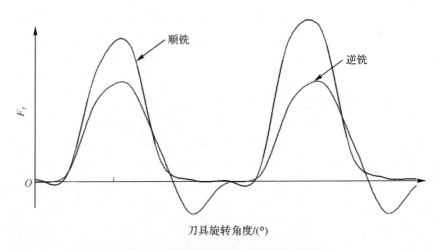

图 5-3　顺、逆铣加工及切削力的变化

顺铣时对于 F_X 也有相似的消减作用,如图 5-2(b)所示,有如下关系:

$$dF_Y = dF_{TY} + dF_{RY}$$

$$dF_X = dF_{TX} - dF_{RX}$$

F_X 有负值(与逆铣相反,在径向切深 d_r 很大的情况下才会出现)和零值出现,但是重要的是它并不影响加工变形的大小。

以下分别应用仿真和实验手段对薄壁结构零件加工变形误差的控制问题进行切削参数优化研究[刀具变形的求解,参考式(3-1)进行计算]。

5.2.3.1 仅考虑刀具变形的参数优化

具体切削参数见表 5-1。

表 5-1 切削参数

切削参数	算例 5-1	算例 5-2
K_T	$1140\,\overline{h}^{-0.28}$	$207\,\overline{h}^{-0.67}$
K_R	$0.47\,\overline{h}^{-0.078}$	$1.39\,\overline{h}^{-0.043}$
铣削方式	逆铣	顺铣
轴向切削深度/mm	19.05	34
径向切削深度/mm	1，3.3，5.5	0.65
每齿进给量/(mm·齿$^{-1}$)	0.1,0.06,0.01	0.008
螺旋角(°)	30	30
铣刀直径(mm)	19.05	19.05
齿数	2	4
装夹悬臂长度/mm	50.0	55.6
装夹刚度 k_c/(N·mm^{-1})	25 000	19 800
刀具弹性模量/GPa	110	620
工件材料牌号	7075	Ti6A14V
加工前板厚/mm	20	2.45
工件弹性模量/GPa	71	110

1. 逆铣

逆铣情况下切削力变化的特殊性给切削参数的优化提供了便利,利用悬臂梁理论,Budak 等人得到了在逆铣情况下仅考虑刀具变形的最大表面误差和 S_{MSE} 值,如图 5-4(a)和图 5-5(a)所示。在表 5-1 算例 5-1 参数,最大的表面误差在径向切深小于 3.3mm 时几乎保持恒定,继续增加径向切深,最大变形持续增加。因此,从最大变形的角度考虑,可以根据图 5-4 和误差带的要求来选择较优的径向切深和每齿进给的组合。由图 5-5 可以进一步优选切削参数,从图中可以看出,对于很小的径向切深和每齿进给,S_{MSE} 有很大的值(Budak 等人之归结为小平均切厚下切削刃的边缘效应),同样是在径向切深 3.3mm 出现最小的 S_{MSE} 值,而每齿进给需要根据实际的加工需要或者表面粗糙度要求进一步选择。

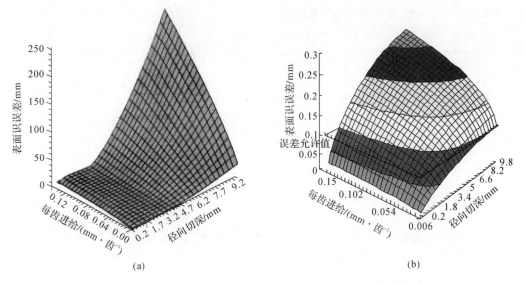

图 5-4 不同径向切深和每齿进给下最大表面误差的预测

(a)逆铣;(b)顺铣

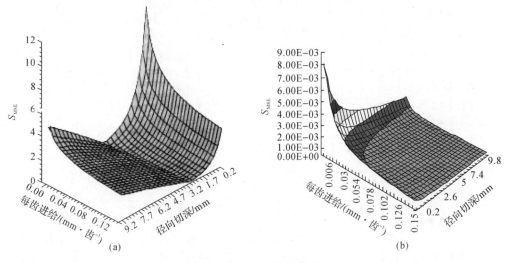

图 5-5 不同径向切深和每齿进给下 S_{MSE} 值

(a)逆铣;(b)顺铣

2.顺铣

应用表 5-1 算例 5-2 的切削参数进行仿真计算,将工件的变形排除不予计算。取径向切深和每齿进给为变量对加工变形的最大值进行仿真计算。结果如图 5-4(b)所示。应用式(5-3)对最大变形结果进行处理得到 S_{MSE} 图[见图 5-5(b)]。对比逆铣加工中相应的最大变形图和 S_{MSE} 图[见图 5-4(a)和图 5-5(a)]可以看出,对于顺铣,由于不存在像逆铣加工时的从负到正的变化过程,对加工变形起重要作用的法向力 F_Y 始终为正。同时,其最大变形位置也很固定——在刀具的自由端,工件表面生成点的最下端,所以其最大变形随 d_r 和 f_z 的增大呈持续增大的趋势。而 S_{MSE} 的变化和逆铣也有所不同,其最小位置在 d_r 和 f_z 同时达到最大的位置。另外,顺铣情况下,优选的对象从逆铣时的 d_r 变为顺铣时的 f_z。

由图 5-6 和 5-7 可以看出，逆铣切削力在小切深情况下，由于切向和径向分力的相互抵消作用，小于径向切深 3.3mm 以下，法向最大力变化不大，而顺铣切削力法向上的合力没有抵消作用，所以法向上的最大力持续增加；最大变形由于和切削力成正比例关系，其变形曲线与最大切削力曲线有着相似的形状特征。

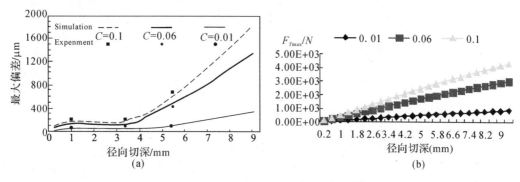

图 5-6　不同径向切深和每齿进给下的仿真和测量最大法向力

(a)逆铣；(b)顺铣

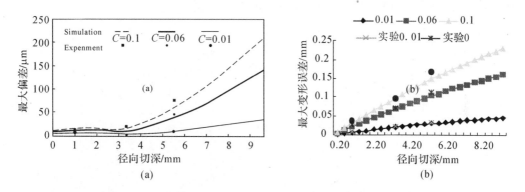

图 5-7　不同径向切深和每齿进给下的仿真和测量最大表面误差

(a)逆铣；(b)顺铣

顺铣和逆铣由于切削力的不同，逆铣时有较优化的径向切深（同一切深下 S_{MSE} 变化较小），而顺铣时则要有优化的每齿进给（同一进给下 S_{MSE} 变化较小）。图 5-8(a)显示，径向切深和每齿进给平面内的 S_{MSE} 值呈曲线状，较小的径向切深和每齿进给组合以及较大的径向切深和每齿进给组合都有着较大的 S_{MSE} 值，同样也是在径向切深 3.3mm 处有着较小的 S_{MSE} 值。通过图 5-6(a)和图 5-7(a)的切削力实验数据和最大变形实验验证了以上的论点。对于顺铣切削，法向力的变化相对单一，基本上随着径向切深和每齿进给的增加而单调增加，最大变形值也呈单调变化[见图 5-6(b)和 5-7(b)]。优化切削参数的选择可以首先根据图 5-4(b)和图 5-5(b)中表面误差允许值和生产效率来初步确定，再通过绘制图 5-6(b)和 5-7(b)来进一步精确确定切削参数，最后可以根据图 5-8(b)来验证所选参数的正确性。

如算例 5-1，对于逆铣根据图 5-4(a)和图 5-5(b)初步选择 3.3mm 径向切深为较优参数，而由图 5-6(a)和图 5-7(b)可以精确确定 3.35mm 的径向切深为的优化参数，图 5-8(a)可以进一步验证优选的参数的正确性。

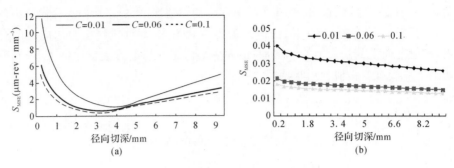

图 5 - 8　不同工件径向切深和每齿进给下的 S_{MSE}

(a)逆铣；(b)顺铣

5.2.3.2　考虑刀具和工件耦合变形的参数优化

以下结合表 5 - 1 所示算例 5 - 2 来研究同时考虑工件和刀具变形的工艺参数优化过程（见图 5 - 9）。仅考虑顺铣（逆铣有同样的过程）进行工件表面误差的预测和切削参数的优化，应用上述不考虑工件变形时同样的方法，在不同径向切深下对每一个进给位置的最大变形进行仿真预测。不同径向切深下刀具开始切出工件的位置见表 5 - 2。

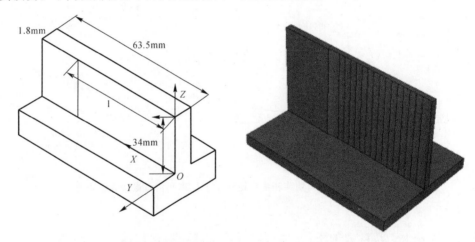

图 5 - 9　算例 5 - 2 精加工结束后的侧壁几何尺寸图及 ABAQUS 模型

表 5 - 2　不同径向进给的切出临界边缘位置

d_r/mm	0.27	1.41	2.55	3.69	4.83	5.97	7.11	8.25	9.01
l/mm	0.061	0.058 5	0.057 0	0.056 0	0.055 2	0.054 8	0.054 3	0.054 1	0.054 0

由图 5 - 10 可知，最大变形并不随着径向切深的增大而增大，而是在 1.47mm 处有一个最大值，此处以前切削力的增大超过了工件结构刚度的增大。1.47mm 后随径向切深的增加、工件刚度的增大以及更重要的是由于径向切深的增大导致最大加工变形位置的降低，使得最大变形也相应有所减小。靠近工件边缘位置，工件刚度随径向切深的增大效果已经渐渐不再起影响作用（多余材料已渐渐去除）。虽然随径向切深的增大切削力依然增大，但由于最大的切削力发生位置前移，而继续进给将有部分刀刃切出工件，导致切削力和加工变形也相对变化较

缓。因此,大的径向切深有利于减小工件前半部分的加工变形,但对工件边缘部分的加工变形并无改善,图 5 - 10(a)充分说明了这一点。图 5 - 10(b)为刀具临界切出边缘时最大变形曲线,对于不同的径向切深其临界切出位置不同(见表 5 - 2),可以看出 $l=54$mm 后径向切深为 9.01mm 的切削加工过程相当于小于 9.01mm 的切深的边缘切削过程的累加。同样,$l=$ 54.1mm 后径向切深为 8.25mm 的切削加工过程相当于小于 8.25mm 的切深的边缘切削过程的累加。所以对于较大的切深,虽然刀具渐渐切出工件,变形却有继续增大的可能,实际上对于算例 5 - 2,其边缘位置最大变形的大小和产生位置均和 1.47mm 切深下的变形大小和位置相同。由图 5 - 10(a)可以看出,$d_r=1.5$mm 后,自 $l=58$mm 开始,已经有部分达到临界状态,其显著变化是最大变形保持不变。例如,$l=55$mm 处切深(5.59mm)后的最大变形保持不变和 $l=57.5$mm 径向切深 1.79mm 后最大变形也变化很小。而 $l=60$mm 处的最大变形没有什么变化,主要是因为径向切深在 1mm 的时候已经处于临界切出边缘位置了。切深增大到 5mm 后,同时有两个刀齿参与切削,致使最大加工变形有增大趋势。但是由于最大变形产生和第二刀齿切入在时间上有差距,这种增大的趋势是很小的。而随着切深的增大,最大变形位置也有所上移,致使最大变形受第二刀齿参与切削的影响也越来越明显,最大变形也越来越大。

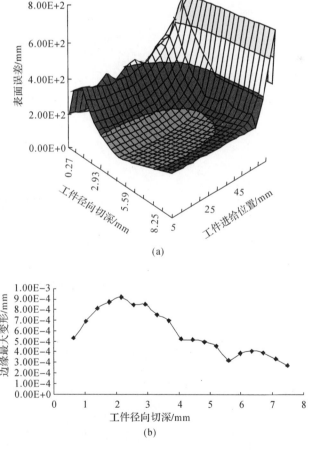

(a)

(b)

图 5 - 10　不同径向切深和不同进给位置处的最大变形

(a)不同进给位置处的最大变形;(b)切出边缘的最大变形

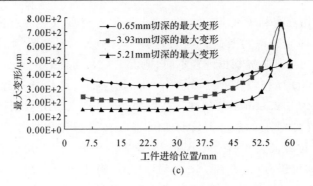

(c)

续图 5-10　不同径向切深和不同进给位置处的最大变形

(c)不同径向切深下 $l=35\text{mm}$ 处的变形曲线对比

根据图 5-10，从加工变形的角度，应选择较大的径向切深，较大的径向切深可以减小加工误差，同时较大的切削力可以产生较大的刀具变形，从而使得加工变形误差的凹凸程度减小，更有利于加工变形误差的补偿，如图 5-10(c) 所示。但从切削力、机床功率、防止切削振动等方面考虑，又需要减小径向切深，因此应该在满足机床功率限制的前提下尽量增大径向切深，并满足加工变形误差的要求。同时较大的径向切深可能导致多齿同时参与切削，其变形误差可能会增大较快。

图 5-11 所示为提取的算例 5-2 条件下预测的最大变形与实验值的对比，事实上，第 3 章已经对算例 5-2 整体误差的预测进行了仿真。图 5-12 及图 5-13 为整体取切出边缘最大变形的 S_{MSE} 图和前半部分取初始切入位置最大变形的 S_{MSE} 图。

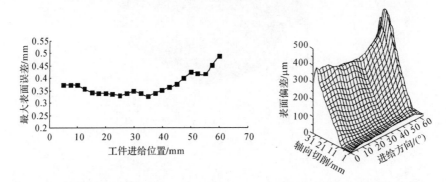

图 5-11　径向切深为 0.65mm，每齿进给为 0.008mm/齿时的最大误差和实验数据对比

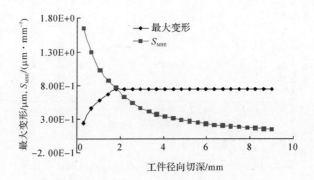

图 5-12　不同工件径向切深的整体的 S_{MSE}

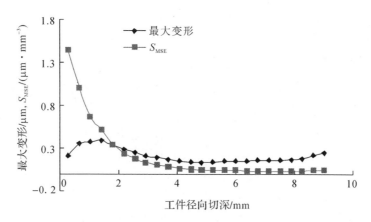

图 5-13　前半段不同径向切深的 S_{MSE}（后半段和整体的 S_{MSE} 是一样的）

计算结果显示,随着径向切深的增大,切削力持续增大,然而在切深增大的同时薄壁结构零件的厚度增大,整体刚度也明显增大。但是,可以看到加工末端,由于工件的多余材料已经切除,工件的整体刚度对其变形影响几乎为零,其变形呈现与径向切深一样的变化趋势。工件的前半段,由于有整体刚度的提高对变形的遏制作用,变形的变化并不明显,在最初的仿真阶段随径向切深的变大还呈现出变小的趋势。而后半段的变形越来越依赖于径向切深的变化。切削力的变化基本上是随着切深的增大而增大的,随变形的变化有较小的波动。整体 S_{MSE} 的值由于最大变形位置始终发生在工件切削末端而随径向切深的增大持续减小;然而,在工件加工的前半段可以看到,S_{MSE} 的值在 $d_r = 5\text{mm}$ 左右时达到最小。

由图 5-12 和图 5-13 可知,加工过程中径向切深越大,材料去除率越大,S_{MSE} 值越小,那么在选择过程中影响径向切深不为最大的主要原因在于,随径向切深的增大其 Z_{tf} 减小,在算例 5-2 所用刀具几何尺寸下,如果刀具齿数为 2,径向切深达到 5mm 就已经有两个齿同时参与切削了,此时的加工变形将增大。如前所述,同时考虑机床的功率和刀具的强度,以及可能有的切削颤振等因素,在避免多齿同时切削的限制的同时,考虑加工变形的要求,选择较小的径向切深。依照此原则,算例 5-2 优化后的径向切深选择 5mm。

通过以上的分析可以看到,对于顺铣,由于不存在切向和径向切削力互相消减对加工变形的影响,其分析相对直接、简单。参数的优化问题便成了仅仅考虑径向切深和工件整体刚度之间的耦合因素对加工变形的影响问题。对于每齿进给仅仅是影响切削力的大小,即加工变形的幅值,并不会影响表面误差的形状。对于径向切深和每齿进给的变化对加工变形的影响可以总结为以下三条:

(1)径向切深和每齿进给影响切削力,进而影响加工变形的大小。

(2)径向切深的变化导致薄壁结构零件厚度和结构刚度的变化,从而使得最大变形并不随切深的增大呈直线增大的趋势。

(3)在薄壁结构零件加工的前半段受工件刚度变化影响较大,而后半段随着大部分材料的切除,同时由于边缘区域刀齿切出的原因切削径向切深的变小,最大变形随切深的变大先增大后减小。

通过以上加工变形趋势的总结,可以看到对切削参数的优化,主要是径向切深的优化,而其优化对于薄壁结构零件的后半段加工已经没有太大意义,后半段加工变形的抑制只能通过减小切削力的方法来达到。所以以下通过对薄壁结构零件分区实行参数优化的方法来达到控制加工变形同时提高切削效率之目的。

5.2.3.3 优化的具体方法

工件的前半段优化径向切深 d_r，后半段可以通过减小每齿进给的方法来保证加工精度，如图 5-14 所示。

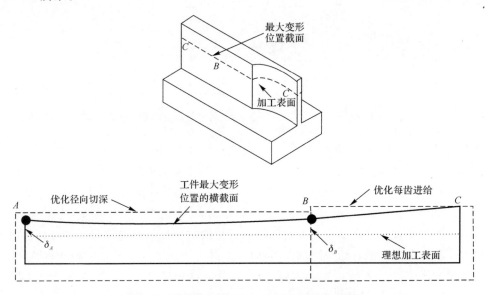

图 5-14 薄壁结构零件加工变形抑制的分段优化

前半段和后半段的分界点设定为与薄壁工件切削起始端的最大变形 A 点相同的中间部位 B 点(即 $\delta_B = \delta_A$)处。对于前半段加工变形的抑制只要控制此两点处的变形 δ_A 或 δ_B 处于误差允许范围之内即可,为了控制加工过程的一致性、稳定性,后半段的加工采用与前半段一样的径向切深,加工变形的控制主要靠每齿进给 f_z 的调节。

如对于算例 5-2 所用的切削参数,经优化后得到的前半段的优化径向切深为 5mm,每齿进给为 0.05mm/齿;后半段为保持加工一致性,径向切深也为 5mm,而每齿进给量的选择方法可以用如下的算法得到:

$$f_z(m) = f_z(m-1) \frac{N^{cmax}}{\max[e(C)]} \qquad (5-4)$$

式中: $f_z(m-1)$——第 $m-1$ 次计算后的每齿进给;

$\max[e(C)]$——在后半段最大的加工表面误差,应用以上方法可以控制后半段最大的加工变形和前半段一样限制在加工误差允许范围之内,同时不影响加工一致性。

仿真结束后得到的最大加工变形 $\delta_A \approx \delta_B \approx \delta_C < N^{cmax} = 280\mu m$。以下采用每齿进给为 0.008mm/齿进行计算。

由图 5-15 可以看出加工变形误差得到了很好的控制,在 $l = 55mm$ 以前基本上可以控制在 $280\mu m$ 以下。但是,在 $l = 55mm$ 后由于切削力的增大,最大变形太大以至于不能通过减小每齿进给的办法得到控制,只能通过其他工艺方法,抑或对于该较小区域增加打磨工序。分段参数控制操作上也比 Budak 等人的简便,加工效率大大提高。

MPR(优化前)＝0.65×0.008×34×478＝84.51;

MPR(优化后)$_1$＝5×0.05×34×478＝3412.92,提高加工效率 47.98 倍;

MPR(优化后)$_2$＝5×0.008×34×478＝617.576,提高加工效率 7.69 倍。

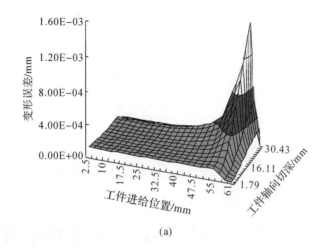

(a)

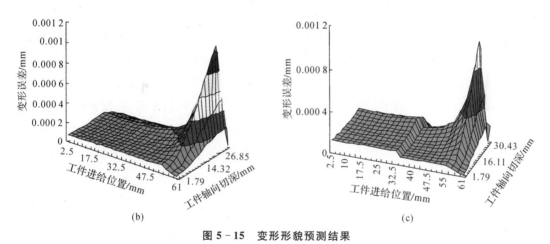

(b)　　　　　　　　　　　　　　　　(c)

图 5-15　变形形貌预测结果

(a)采用整体径向切深为 5mm,每齿进给为 0.05mm/齿;
(b)径向切深为 5mm 的加工误差,每齿进给为 0.008mm/齿;(c)分段优化

　　较大的径向切深下薄壁结构零件加工表面变形形貌和较小切深下的变形形貌有较大区别。首先是工件的前半段变形基本上保持恒定,随进给位置的变化,变形变化不大。由图 5-10(a)可以看出径向切深越大,其最大变形幅度变化越小,稳定的变形区域越长,而这一点正是选择径向切深进行优化的原因。其次,在刀具切出边缘部分加工变形突然增大,并在最后阶段保持恒定,主要原因在于工件材料大量去除后,工件刚度随不同的径向切深的变化已经不再存在,较大的切深切削过程涵盖了所有较小切深的切削过程,所以如图 5-10(a)所示会有一个最大的切削加工变形出现。

　　由于 f_z 只影响切削力的大小,所以我们可以将 f_z 设定为 1,并基于弹性变形假设,采用单位载荷法计算工件的变形。当然,f_z 还影响到加工表面的粗糙度,其选择要多方面考虑,如图 5-16 所示。

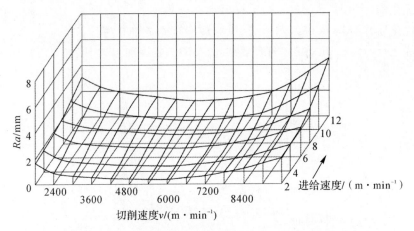

图 5-16　表面粗糙度与铣削速度和进给速度的关系

5.3　工艺结构的优化仿真与实验研究

在航空薄壁结构零件设计过程中可以考虑加工变形因素,在不影响结构件的结构性能的前提下对薄壁结构进行优化以提高其结构刚度,从而减小加工变形的产生。

如图 5-17 所示的整体壁板类零件 A 区域,在其设计过程中考虑到了壁板纵向的弯扭作用对结构的影响,在设计当中将加强筋设计成如图 5-17 所示的倒 L 形,在壁板加工过程中客观上可以减小加工变形误差。由第 3 章可知,由于最大的加工变形产生在薄壁的上方,如果在设计当中充分考虑加工变形,便可以在增加加强筋结构性能的同时减小加工变形。

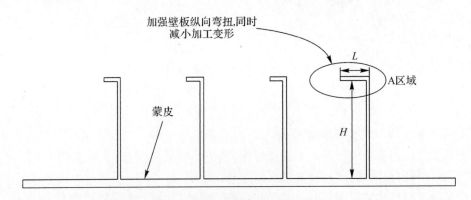

图 5-17　倒 L 形壁板的应用

以下的研究可供设计人员结构设计时进行参考。

倒 L 形薄壁结构零件的结构优化设计目标就是优化设计薄壁加强筋的高度 H 和防纵向弯扭的薄壁长度 L,从而在满足设计要求的同时减小加工误差。

优化过程如图 5-18 所示。

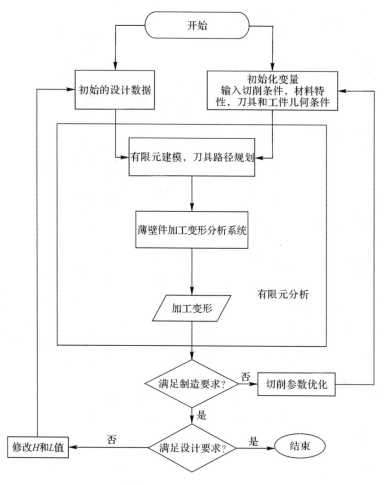

图 5 - 18　倒 L 形板优化过程

应用算例 5 - 2 的参数，增加横向加强筋后最大加工变形预测结果如图 5 - 19 所示。

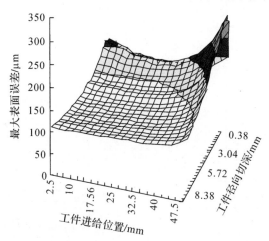

图 5 - 19　$L = 10\text{mm}$ 时预测得到的不同切深不同进给位置的最大加工变形

通过与 $L=0\mathrm{mm}$ 的直壁加工最大变形(见图 5-11)进行对比发现:加工变形明显减小,尤其对于加工初期和中部位置,加工变形减小了 18% 以上,它是一种很好的抑制加工变形的方法。

5.4 特殊工艺的应用

为控制加工变形,武凯提出了变切深加工、分层对称加工、倾斜加工等工艺方法,但更多地注重实验研究。而以下针对上述工艺方法将从理论分析、有限元计算方法及模型建立、优化算法、实验和分析等多方面系统性地讨论加工表面的误差控制问题,从而可以对这些工艺方法进行总结、建模与变形预测并进行优化,同时考虑综合应用,以达到减小加工误差的目的。

5.4.1 变切深工艺研究

5.4.1.1 理论分析

如 5.2 节所述,在预测得到加工变形的情况下可以根据工件的变形情况改变名义切深以期达到减小加工误差的效果。该方法也是最直接、最简单的减少加工变形的有效方法,但是由于加工变形呈凹凸不平的曲线形状,如图 5-20 和图 5-21 所示,因此以变形预测结果曲线上哪一点为参考对变形进行补偿才是最关键的,如图 5-22 所示,如果薄壁结构零件的加工变形误差不允许出现负值(或者很小的负偏差)的话,那么补偿的最大值只能是 δ_w 和 δ_c 的较小值,可能仍然达不到加工误差的要求,而且其形貌不会有较大改变。对于实际的薄壁结构零件加工而言,δ_w 要明显大于 δ_c,因此在补偿加工这个层面上考虑,反而是选用刚性较差的刀具更利于加工变形的补偿。

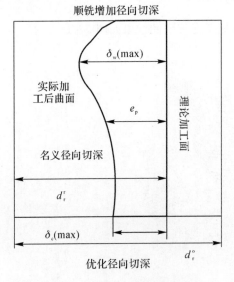

图 5-20 顺铣加工变形误差形状

图 5-21 逆铣加工变形误差形状

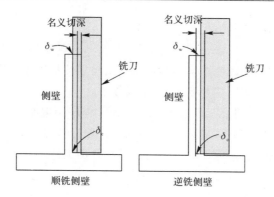

图 5 - 22　顺铣和逆铣加工变形的变切深补偿

5.4.1.2　变形补偿实现的方法

顺铣情况下增加切深：由于顺铣时切削力的作用，工件/刀具系统有相互分开的趋势，导致产生切削加工过程中的"让刀"现象，留在加工表面是一个如图 5 - 20 所示的加工曲面，实际切深的补偿过程中应该增大径向切深，以期满足加工表面误差的要求，如图 5 - 23 所示；而逆铣情况下切削力的作用方向相反（较大切深下），产生"过切"加工现象，留在加工表面的是一个如图 5 - 21 所示的加工曲面，实际切深的补偿过程中应该减小径向切深，以期满足加工表面误差的要求，如图 5 - 22 所示。

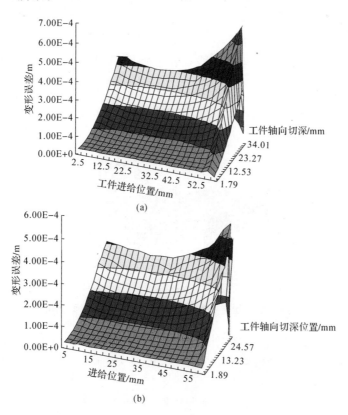

图 5 - 23　变切深法得到的表面变形误差（相对于实际切深）

(a)根据最大变形补偿；(b)根据最小变形补偿

5.4.1.3 补偿模型的建立

应用上述的补偿方法,对于顺铣需要增加径向切深,而逆铣减少切深,从而达到减小加工误差的目的,但是径向切深的改变不当将导致薄壁结构零件负偏差的增大甚至超差(一般对于很薄的侧壁加工,其负偏差较正偏差要小,甚至为0)。

有限元模型的建立方法同第3章,只是在 Python 程序的编制上,切深应该是名义切深和 δ_c 之和(顺铣)再减去一个负偏差,或名义切深和 δ_w 之差(逆铣)再加上一个负偏差。进行有限元计算,得到新的变形后以上切深作为名义切深继续叠加工件下端点或上端点的变形,重复计算,直到下端(顺铣)或上端(逆铣)变形为0,迭代过程结束。

5.4.1.4 算例 5 - 3

以下针对算例 5 - 2 得到的变形预测结果,在公差要求 $[-70\mu m, 200\mu m]$ 情况下,将名义切深根据 δY_w^w 和 δY_c^w 的值设为 1mm 和 0.75mm,其他参数不变,进行加工变形仿真预测与分析研究。

对于算例 5 - 2,根据最大变形进行补偿,得到的最大变形 640μm,最小变形 50μm,其加工误差为 $[-300\mu m, 290\mu m]$(与名义切深比较后);根据最小变形进行补偿,得到的最大变形 540μm,最小变形 30μm,其加工误差为 $[-120\mu m, 390\mu m]$,显然不能满足加工要求。由图 5 - 23 还可以看出,在增加径向切深后,由于工件壁厚很薄,所以最大变形和最小变形之差有增无减,而最大变形减小也不太明显。参考图 5 - 10 也可以看到,在 1.5mm 以前增大切深将增大变形误差,与图 5 - 23 得到的结论一致。

以下针对优化的工艺参数,径向切深为 5mm,每齿进给为 0.008mm/齿,采用径向切深为 5.16mm,每齿进给为 0.008mm/齿得到的表面误差预测结果如图 5 - 24 所示。

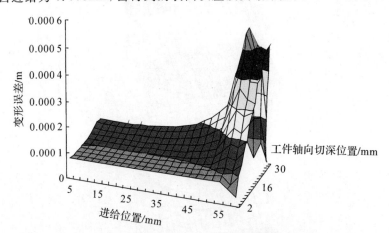

图 5 - 24 优化参数结合变切深法得到的表面误差

进给 50mm 前得到的最大变形 280μm,最小变形 80μm,其加工误差为 $[-80\mu m, 120\mu m]$,然而其边缘部分加工变形突变,最大变形 560μm,最小变形 80μm,其加工误差为 $[-80\mu m, 400\mu m]$。

由图 5 - 24 结果可以看出大部分的切削区域,表面误差满足公差要求。由此我们可以得到以下结论:变切深法在薄壁结构零件加工变形的控制过程中必须结合切削参数的优化方法才可以得到较好的控制加工变形误差的效果,但是由于边缘区域加工变形太大无法补偿,需要采用其他的方法加以限制,例如增加加强筋等。另外,由于其边缘区域很小,可以通过加工后增加打磨工序来保证加工质量。

5.4.2　刀具倾斜加工变形控制

根据薄壁结构零件加工变形的特点(见图 5-21——表面呈凹凸状),武凯、赵威等对刀具倾斜加工工艺对提高表面误差精度的影响进行实验研究,以下针对倾斜加工,在理论分析和实验研究的基础上,考虑切深的变化以及最大变形位置的变化等,建立变形分析的有限元计算模型,可以很方便地进行加工变形的控制仿真预测。

5.4.2.1　理论分析与补偿方法

如图 5-21 所示,薄壁结构零件加工变形导致加工表面呈现凹凸不平状特征,3.5.1 节实验变形图及有限元分析变形图均表现出这种变形特征。若刀具能倾斜一个角度(见图 5-25),即刀具根据工件变形情况进行偏摆,从而可以就预测的加工表面得到均匀的径向切深,则在工件最下端径向切深不变(或者根据刀具的变形偏摆一个等值的变形值 δ_c),而在工件最上端径向切深变化为 δ_w。径向切深增大导致切削力的增大,进而变形增大,设刀具偏摆后加工中工件变形为 δ_w^0。工件回弹后的实际变形将取决于过切的程度与加工中工件变形的程度,若偏摆角度合适,过切与变形部分正好抵消,即 $\delta_w^0 = 0$,则工件变形将处于要求的加工精度范围之内。将 δ_w 和 δ_c 作为优化参数,而加工变形误差允许值为约束,加工变形在允许范围之内为目标,其优化过程如图 5-26 所示。

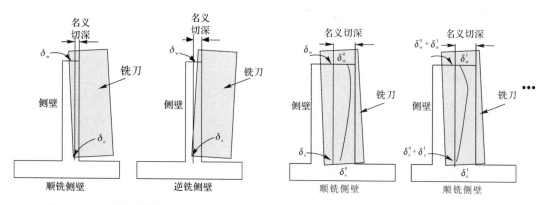

图 5-25　刀具倾斜补偿原理示意图　　　　图 5-26　倾斜加工的迭代补偿过程

最初设定 δ_c 和 δ_w 分别为刀具变形和工件上端变形值,仿真计算得到新的加工变形后,在原有偏摆的基础上继续添加相应的刀具变形和工件上端变形值,继续计算,直到满足加工误差要求或者最上端和(或)下端加工变形接近 0 为止。

5.4.2.2　模型建立

倾斜加工有限元模型中,倾斜角度由工件倾斜来体现,刀具和加载线保持原位置不变,图 5-27 前面几刀是正常位置时布尔运算的结果,最后一刀为倾斜 0.5°后的布尔运算结果。由图 5-27 中可以看出,刀具和工件进行布尔运算后得到的加工表面和未倾斜时有较大区别,呈上宽下窄形,而加载线和加工表面依然紧密贴和,但是加工过程中从下到上径向切深在不断增加,切削力也在不断变化,加载线(切削刃)与加工区域的接触(如图中加深区域标注)也在不断变化,需要 Python 程序进行控制,依据切削刃所处轴向位置来判断径向切深初值,并进行迭代运算。高度 h 处的径向切深的计算如下:

$$d_r(h) = d_r + h\tan\lambda \qquad (5-5)$$

式中:λ——倾斜角度。

径向切深计算出来后,调用 FORTRAN 子程序进行分布力加载,并提交任务进行有限元计算。

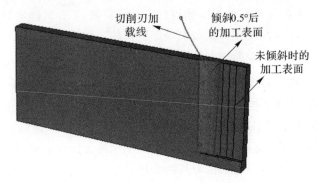

图 5-27　倾斜加工模型(弧线区域为切削刃和加载线的接触区域)

5.4.2.3　算例 5-4

为研究刀具偏摆对加工变形的影响,做如下变形实验。

如图 5-28 所示,以图中右侧的三个完全相同的薄壁为加工对象,薄壁厚度为 6mm,长为 105mm。材料为 7050-T7451(弹性模量 71GPa),在 JOHNFORD VMC-850 三坐标数控铣床上切削,轴向切深 $d_a=24$mm,径向切深 $d_r=2$mm,每齿进给 $f_z=0.05$mm/齿,转速 $n=3000$r/min,选用刀具为:整体合金立铣刀,材料 Y330,两齿,30°螺旋角,直径为 12mm,刀具悬伸长度为 42.3mm,顺铣,干切削。切削力由测力仪 KisTLer9255B 测量。由于使用的是三坐标数控机床,所以右边用垫片垫高,以使工件加工过程中产生相对的倾斜。经有限元方法,对三个薄壁分别在右边垫高为 0.39mm,0.195mm 情况下进行仿真计算及切削实验,并进行变形分析。

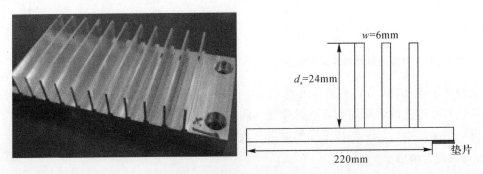

图 5-28　倾斜加工实验示意图

加工后在薄壁的中间位置 52.5mm 处,d_a 高度范围内,从上到下取点测量加工变形,结果列于图 5-29～图 5-31 中。从图 5-29～图 5-31 中可以看出,刀具无偏摆情况下,变形主要在工件的上端,偏差为正值,最大偏差为 $70\mu m$;当工件垫高 0.39mm 时,由于过切太大,负偏差最大为 $70\mu m$,正偏差为 $50\mu m$;当工件垫高 0.195mm 时,最大正偏差为 $40\mu m$,最大负偏差为 $60\mu m$,与工件不倾斜相比,最大偏差减小 43%。可见,通过控制工件(刀具)倾斜角度可以有效地减小变形,控制加工精度。

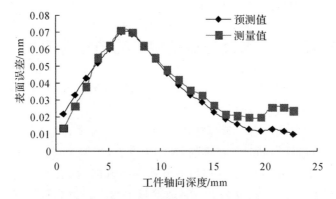

图 5 - 29　工件不倾斜情况下变形图

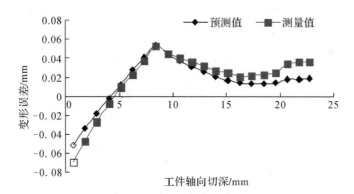

图 5 - 30　工件垫高 0.39mm 情况下变形图

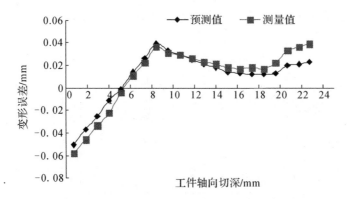

图 5 - 31　工件垫高 0.195mm 情况下变形图

倾斜加工由于有切深的变化,刚度的变化,以及最大变形位置的变化等,使得加工过程变得非常复杂。从图 5-29～图 5-31 可知,倾斜加工下减小了加工变形的幅度,但是较大的倾斜角度可能产生较大的负偏差,并不一定比较小倾斜角度有较小的正偏差。应该在保证负偏差要求的前提下,尽量减小倾斜角度,同时结合变切深方法改变加工变形形貌并消除负偏差。由图 5-29～图 5-31 可以看出,变形预测结果与测量结果较接近,通过有限元方法优化倾斜角度可以达到控制变形的目的。

5.4.3　多齿同时切削及变形控制工艺的综合应用

以下列参数预测变形形貌:$d_r = 1.27\text{mm}$,$d_a = 31.4\text{mm}$,$z = 4$,$D = 19.05\text{mm}$,有效齿长 $L = 95.25\text{mm}$,$\alpha_{hx} = 30°$,顺铣。

图 5-32 中表面生成线由齿 2 参与铣削开始分析,在齿 2 开始参与铣削时,铣刀前一齿齿 1 处于点 c 高度,两齿开始同时参与铣削,铣削力变大;当齿 2 到高度 b 时,齿 1 开始逐渐铣出,铣削力变小;当齿 2 上升到高度 c 时,齿 3 开始参与铣削,铣削力再次增加。虽然 bc 和 cd 所受平均力相同,但所取变形点 cd 较 bc 高,故变形也较大。齿 2 从铣入到铣出工件,铣削力的变化情况如图 5-32(b)所示。

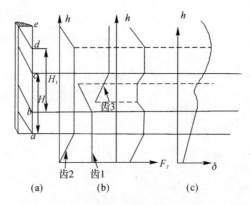

图 5-32　各刀齿对加工变形的影响

侧壁类零件的加工补偿应该分析加工变形的具体情况,然后对刀具进行偏摆和径向切深的修正。本书根据轴向切深 d_a 不同分类讨论补偿策略,如图 5-33 所示。图 5-33(b)为切削区域展开图。

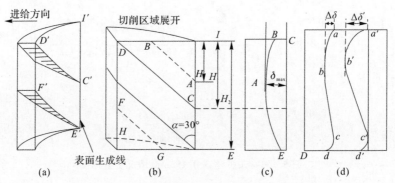

图 5-33　铣削区域展开切削切深分类示意

(1)当 $Z_{en} \leqslant Z_{tf}$ 时,虽然铣削力加载点刚性较小,但由于铣削面积开始迅速减小,从总体来看铣削力变小,故变形开始变小。因此此时 a 点加工变形处于最小值,b 点加工变形处于最大值。

1)当 $|\delta_{max} - \delta_{min}| \ll 2C$ 时,补偿时可采取增加径向切深,如图 5-34(b)所示,首次补偿量 d'_r 为

$$d'_r = d_r + \delta_{min} + C \tag{5-6}$$

2)当 $|\delta_{max} - \delta_{min}| > 2C$ 或两者较为接近时,如图 5-34(c)所示,此时仅对径向补偿已显然无法满足要求,须在径向补偿的同时对铣刀偏摆一角度 θ。

$$\left.\begin{array}{l} d'_r = d_r + \delta_{min} + C \\ \theta = \dfrac{\delta_{max} - \delta_{min}}{d_a} \end{array}\right\} \tag{5-7}$$

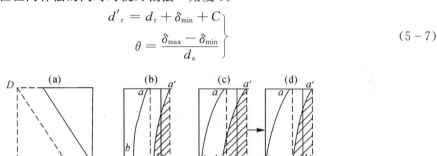

图 5-34　当 $Z_{en} < Z_{tf}$ 时铣削参数补偿示意图

(2)当 $Z_{en} > Z_{tf}$ 时,此时最大值仍为 a 点,但最小值可能是 b 点或 e 点,两点大小根据工件和刀具偏斜量决定,可由第三部分计算得到。此时加工变形轮廓线可分为以下几类:

1)当 $|\delta_{max} - \delta_{min}| < 2C$ 时,仅对径向切深补偿即可满足公差要求,如图 5-35(b)所示。

$$d'_r = d_r + \delta_{min} + C \tag{5-8}$$

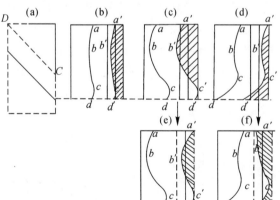

图 5-35　当 $Z_{en} > Z_{tf}$ 时铣削参数补偿示意图

2)当 $b = \delta_{max}$,$c = \delta_{min}$ 且 $|\delta_{max} - \delta_{min}| > 2C$ 时,如图 5-35(b)所示,修正径向切深已不能满足精度要求,故补偿时先保证图 5-35(e)中点 c 不超差,对刀具按顺时针方向旋转一角度 θ。

$$d'_r = d_r + \delta_{min} + C \atop \theta = -\dfrac{\delta_{max} - \delta_{min}}{d_a} \Big\}$$

$$(5-9)$$

3) 当 $d = \delta_{max}$，$a = \delta_{min}$ 且 $|\delta_{max} - \delta_{min}| > 2C$ 时，补偿时先保证图 5-35(f) 中点 a 不超差，对刀具按逆时针方向旋转一角度 θ：

$$d'_r = d_r + \delta_{min} - C \atop \theta = \dfrac{\delta_{max} - \delta_{min}}{d_a} \Big\}$$

$$(5-10)$$

在补偿过程中如采用变径向切深进行补偿，由于铣削力的增加，工件和刀具变形更加严重，加工轮廓线会发生如图 5-35(d) 所示的变化，$\Delta\delta = \delta_b - \delta_a$ 也发生变化，所以上所述各种补偿方案并不能准确将加工轮廓线保证在公差带内，各补偿结果只能作为变形分析时的输入参数，精确补偿量还需经由表面误差预测的迭代结果得到。

5.5　刀　路　补　偿

切削参数的优化最终要体现到加工过程的刀具路径上来，通过刀具路径的改变来达到抑制加工变形的效果。根据第 3 章和第 4 章所得到的薄壁结构零件加工变形的预测形貌，以有限元分析为基础，改变走刀路径，使得加工误差限制在表面误差允许范围之内。

对于侧壁加工，如图 5-36(a) 所示的顺铣薄壁结构零件过程，由于工件两端相对工件中间部位刚度小，铣削时将会产生较大的变形，取通过 A—A 线的平行于 XOY 平面的一个面 P，工件与 P 面相交部分的表面误差。如图 5-36(b) 所示的实际加工表面线，其两端表面误差较大。对于工件长度方向上的任意一点 j，补偿在名义刀具路径下的变形误差，使补偿后的表面误差位于公差带之内。先将刀具路径沿刀具进给方向离散为 n 个位置，以某一 j 位置的误差为参考，根据初始的刀具位置和有限元模型计算得到的 j 位置的变形 δ_1，对刀路补偿一个反方向的 δ_1。由图 5-36 可以看出，由于多切除了一部分的材料，切削力增大，致使 l 位置仍然存在正向变形，计算得到该变形后，通过对刀路重复补偿，得到在一定误差范围之内的 j 位置的刀路补偿量 δ_n。对其他位置重复以上的补偿运算，就可得到新刀具路径，过程如图 5-37 所示。

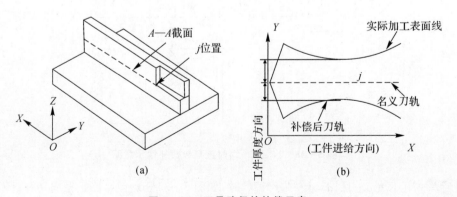

图 5-36　刀具路径的补偿示意

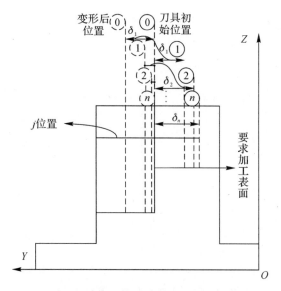

图 5-37　确定实际刀具位置的补偿迭代过程

但是,对于任意一 j 位置进行补偿,显然不适用于薄壁结构零件加工过程,由图 5-38 薄侧壁的加工变形结果可知,误差补偿要针对最大和最小的两个位置进行补偿,而不是任意的一个位置。而第 3 章和第 4 章中最大变形位置和大小的确定,为此提供了理论支持。

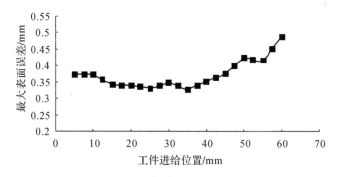

图 5-38　实际的薄侧壁最大变形形状

针对最大值进行误差补偿,并限制其在公差带内,同时保证最小变形位置不超差。如图 5-39 所示,根据公差要求,对最大和最小变形进行补偿的两个极限 L_1 和 L_2 构成一个补偿带,对工件误差进行补偿必须位于此补偿带中。工件长度方向上所有的补偿,构成整个刀具路径的补偿带,如图 5-39(b)所示。

对于 $\delta_{max} - \delta_{min} > c_{max} - c_{min}$ 的情况下可能出现无法仅通过补偿来达到工件表面误差要求的目的,须通过增加工序和优化工艺参数的方法来减小加工误差,而后再进行刀路补偿。

从第 3 章实验和预测加工变形结果中可以看出,图 5-36(b)中的表面轮廓线是渐变曲线,因此可对预测表面上变形的最大值和最小值之间进行直线插补,插补点的选择视预测表面而定。因此,可选取加工表面上的关键点进行刀轨路线的修正,以满足公差要求。一般情况下关键点为加工表面线上的各极值点。如图 5-40 所示的工件,其两端和两肋的中间部位刚度较小,而含肋部位刚度较大,可分别对 $ABCDE$ 各点间进行直线插补,生成 $A'B'C'D'E'$ 的折线刀轨。

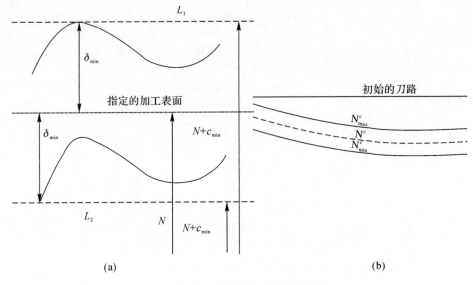

(a)   (b)

图 5-39　刀具补偿参考限和补偿带

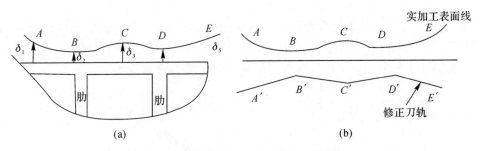

(a)   (b)

图 5-40　加工路径补偿关键点选取示意图

　　腹板类工件的加工与侧壁不同,加工变形主要由轴向铣削力产生。因铣削力正交分解后轴向力较小,故变形量也较小,但腹板类加工过程中多有拐弯和等直径铣削,因此铣削力变化较大,补偿方案较为复杂,对各种不同的铣削工艺难以统一确定补偿方案。要得到腹板的加工变形规律,不可能也不必要对腹板上所有的点进行受力变形分析计算,而只需选取腹板上一些具有代表意义的关键点进行计算即可。如何选取关键点位置并计算该位置的轴向力大小就成为解决问题的关键。进行变形分析计算时,在分析刀具切削至关键点处时,哪些面已被加工,哪些面还未加工,从而给不同的铣削面赋予不同的铣削参数,进行非线性有限元分析。同时,还要判断该关键点处的切削特征(直边、拐角),并根据第2章建立的铣削力模型计算切削力的大小,以此作为加载的依据。这样,通过计算所有关键点的变形,即可得到腹板全部变形特征。本书仅对腹板类加工工艺中两种典型的加工工艺进行铣削补偿。

5.5.1　由内向外环切法

　　由内向外环切法多用于框体加工工艺,即刀具在框体腹板中部下刀,逐渐外旋,直至加工完毕,其关键点的选取一般在加工路线的拐角处(见图 5-41)。此类加工多用于框形件,加工工艺路线中多含拐角,拐角处铣削参数中的径向切深变化如图 5-42 所示。

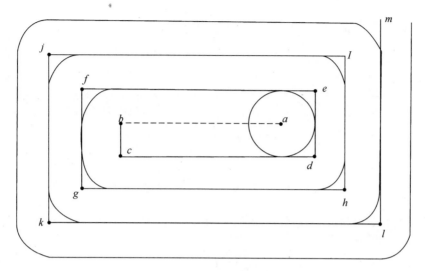

图 5 - 41　内到外环切法

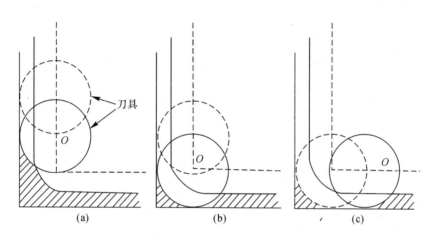

图 5 - 42　由内向外环切法拐角处 d_r 变化示意图

在图 5 - 42(a)中,径向切深仍为名义切深 d_r,随后径向切深逐渐增大,在图 5 - 42(b)中达到最大值。

$$d'_r = R + \sqrt{R^2 + (R - d_r)^2} \tag{5-11}$$

式中:R——刀具半径。

在图 5 - 42(c)中轴向切深又降为名义径向切深 d_r。

由以上分析可知,腹板铣削变形分析关键点在拐角时,可选取图 5 - 42(b)位置进行计算,可得较大变形值。

从内到外环切法加工至外围时,铣削过程类似于侧壁加工,在计算成本允许情况下,为提高预测模型的精度可多插补关键点,如两个拐角的中间部位。

图 5 - 41 所示 a—b,b—c,…,i—j 各个刀轨连线上腹板的加工变形轮廓大致相同,下面以 c—d 段说明,如图 5 - 43 所示。

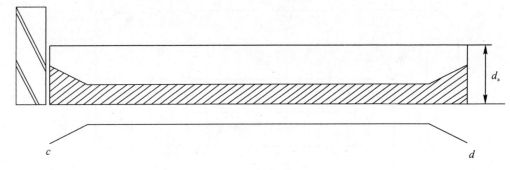

图 5-43 c—d 段腹板加工 d_a 修正示意图

在刀轨补偿时对于拐角处,也就是图 5-43 中的 c 点和 d 点处,铣削参数轴向切深 d_a 修正为

$$d'_a = d_a + \delta_{max} \tag{5-12}$$

c—d 加工段中间部分,铣削参数轴向切深 d_a 修正为

$$d'_a = d_a + \delta_{min} \tag{5-13}$$

5.5.2   由外向内环切法

该铣削工艺与由内向外环切法相近,顺序不同,但拐角处铣刀受力差异变化较小,如图 5-44 所示。

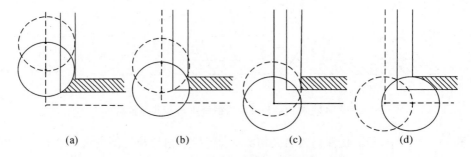

图 5-44   由外向内环切法拐角处切深变化

图 5-44(a)～(b)中径向切深逐渐减小,图 5-44(b)～(c)为空铣阶段,图 5-44(c)～(d)中径向切深逐渐减小,图 5-44(a)中径向切深为此阶段最大值。

所以由外到内环切法,各段轴向变形变化不大,整个过程铣削参数轴向切深 d_a 补偿方法可统一如下:

$$d'_a = d_a + \delta \tag{5-14}$$

式中:δ——各加工段中间的轴向变形值。

然而,加工过程中单面加工的腹板可以通过设计专用的夹具,通过与夹具表面的紧密贴合来控制腹板的加工变形,所以腹板的加工变形可以得到很好的控制。例如,西飞公司加工的波音 747 垂尾翼肋的腹板的加工就采用了专用夹具结合真空夹具来加工完成,表面加工误差较小,完全可以满足加工误差的要求,如图 5-45 所示。

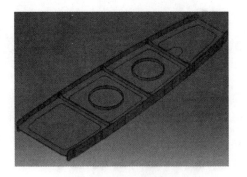

图 5－45　整体翼肋

5.6　铣削方式的选择

　　顺铣和逆铣是铣削加工最常用的两种方式。刀具铣削零件过程中,当工作台、主轴及零件夹具的装备刚性足够好时,整个系统中受力最薄弱的部分是刀具,当刀具在铣削零件余量时,铣刀受到铣削抗力 F_Y 的作用,必然使刀具产生偏让。由于刀刃的上部分靠近主轴和夹紧机构,因为刚性相对较好,而刀具刀尖部分的刚性相对较低,所以刀具越长刀尖部分越容易偏让,切削力越大偏让程度越严重,如图 5－46(a)所示。如采用逆铣方式,由于工件台阶位置较高、使用刀具较长,刀具在横向进给切削的作用下,始终把工件向右拉,如图 5－46 (b)所示,由于工件刚姓较好,反使刀具往切深方向偏,因此产生工件台阶被根切。

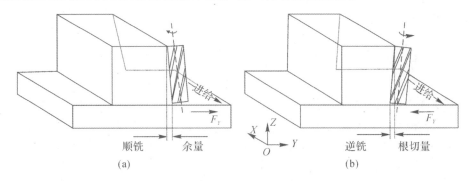

图 5－46　顺/逆铣对加工精度影响

　　从图 5－46 可以看出,逆铣时 F_Y 较小。虽然逆铣在切深方向上产生的铣削抗力较顺铣的铣削抗力小,但由于顺铣方式保证了不切入和破坏所需表面,在精加工内腔和外形尺寸的零件时顺铣方式还可保直线段与圆弧面或斜面不过切地平稳过渡。尤其是采用较小直径刀具或细长杆立铣刀在精加工时,会平滑地进入被切削表面,不会产生弹刀现象,而逆铣时刀具由于刀尖的突然切入偏让,易打断刀具。对于薄壁类零件,顺铣是一个典型的加工方法。零件相对刀具刚性更差,此时若采用逆铣,根切量会使轴向切深突然增大,极容易打断刀具。而顺铣时虽使工件产生较大变形,但如前所述适当采取补偿技术,刀具加工既轻松,又可达到加工质量要求。

5.7　加工变形预测系统

为了方便地完成大量的变形预测及切削参数优化工作,并将理论研究成果应用于实际生产,做到理论研究深入,操作简便,必须建立一个针对薄壁结构零件加工的变形误差预测系统,用户可以通过友好的交互界面操作完成变形计算,直观地观察变形大小及变形状态,为工艺人员选择合适的加工条件提供帮助。

5.7.1　铣削加工变形分析系统功能模块

1. 外部输入模块

该模块功能主要包括:零件毛坯几何模型导入,用于施加铣削力螺旋线的生成和刀位轨迹源文件的读取。各种几何模型均可从 UG 或 CATIA 导入。

2. ABAQUS/CAE 模块

该模块功能主要是调用 ABAQUS 求解器进行计算。

3. Python 模块

该模块主要是用来控制 ABAQUS/CAE 模块进行材料去除、铣削力和边界条件的施加。

4. 子程序模块

该模块功能主要包括利用 FORTRAN 语言对 ABAQUS 进行二次开发和实现对铣削力的非线性加载。

5.7.2　铣削加工变形分析系统

在铣削加工过程模拟中,涉及众多位置的计算,且在每一个位置的计算过程中都会涉及铣削力加载、边界条件的施加和材料的去除等。加工变形分析及补偿系统以大型有限元软件 ABAQUS 为核心求解器,其工作流程如图 5-47 所示。由于整体结构件包含有多种典型特征(如肋、框等),所以变形和补偿分析时将以整体结构中的众多变形关键点为基础。先通过 CAD 软件 UG 生成加工刀位轨迹文件,然后处理刀轨文件,往刀轨文件中添加需要进行变形/补偿分析的关键点,在通过布尔运算去除材料以后,对铣削区域施加铣削力和边界条件。然后对工件受力区域进行网格细化,分析计算完成以后,对下一关键的变形部位进行变形/补偿分析,重新施加边界条件和铣削载荷。整个过程由 ABAQUS 集成语言编程实现。

加工变形/补偿分析系统主要涉及如下关键技术:①铣削力螺旋线非均布施加;②根据刀轨模拟材料去除;③求解精确变形值迭代算法的实现。

铣削加工过程模拟中,可充分利用在每个欲加载位置的已知条件,以计算关键点的坐标和前后刀具移动方向,以便动态自动地施加铣削力载荷,减小人工参与。将所有关键点的坐标存于变量 keyPoint 中:

$$keyPoint = \begin{bmatrix} X_i \\ Y_i \\ Z_i \end{bmatrix} \qquad (5-15)$$

式中：X_i，Y_i 和 Z_i——关键点处的坐标。

刀具的移动方向为

$$toolMovedirect = \begin{bmatrix} \dfrac{X_i - X_{i-1}}{feed} \\[2mm] \dfrac{Y_i - Y_{i-1}}{feed} \\[2mm] \dfrac{Z_i - Z_{i-1}}{feed} \end{bmatrix} \qquad (5-16)$$

式中：feed——材料去除刀具的步进量。

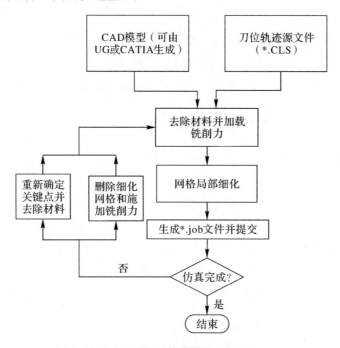

图 5-47　加工变形预测系统流程

由于刀具为右螺旋铣刀，铣削方式为顺铣，如图 5-48（a）所示，当知道关键点位置 keyPoint 和刀具的移动方向 toolMovedirect 时，又因为刀轨为逆时针旋转，因此可得到加载面的法线矢量 faceDirect。

设刀轴方向为

$$toolVector = \begin{bmatrix} 0 \\ -1 \\ 0 \end{bmatrix} \qquad (5-17)$$

则铣削力加载面的法向矢量可由以下两式得出：

$$toolDirect = toolMovedirect \otimes loadFace \qquad (5-18)$$

$$
\left.\begin{array}{l}
\text{toolMovedirect} \cdot \text{faceDirect}=0 \\
\text{toolVector}=\text{toolMovedirect}\otimes\text{faceDirect} \\
|\text{loadFace}|=R
\end{array}\right\} \qquad (5-19)
$$

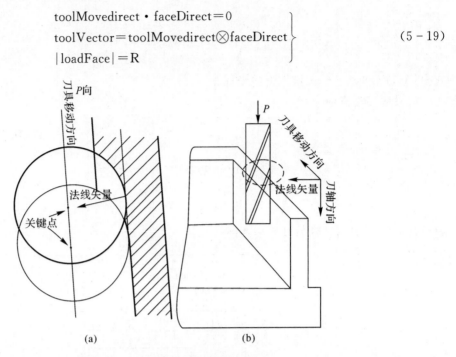

图 5-48　确定铣削加载面矢量示意图

由式(5-18)和式(5-19)可得法向方向 loadFace。得到 loadFace 就可通过刀轨来实现动态的铣削力加载和材料去除,使整体结构件中大量关键点的变形/补偿计算更加方便。

集成于 ABAQUS 中的变形/补偿系统需要输入以下变量和所需文件:

R:刀具直径。d_r:径向切深。d_a:轴向切深。f_z:每齿进给量。CAD 模型及刀轨。pointBoundary:所需固定的边界面上的任意一点,此点用于确定模型中的边界条件。集成于 ABAQUS 中的加工变形预测系统界面如图 5-49 所示。

图 5-49　加工变形预测系统界面

图 5－50 和图 5－51 分别为由 UG 生成的零件加工刀轨和相应的 CLSF 文件。在 CLSF 文件中既包含了刀具铣削的进给运动信息，也包含了进、退刀等信息。通过变形分析系统处理以后，可由 Python 程序控制 CAE 进行材料去除。

图 5－50　零件加工刀轨

图 5－51　刀轨 CLSF 文件

5.8　本章小节

在薄壁结构零件加工变形精确预测的前提下，建立了基于工艺参数优化的加工变形控制方法，如图 5－52 所示。

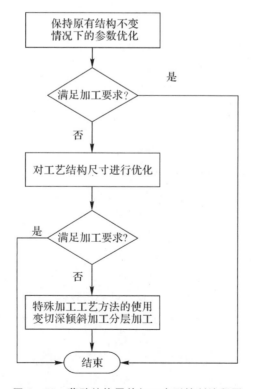

图 5－52　薄壁结构零件加工变形控制流程图

针对加工变形的控制问题,通过切削参数的优化,同时考虑工艺结构的优化,以及针对侧壁和腹板的变切深及倾斜加工等工艺方法,从理论分析、仿真建模、计算方法及实验研究等方面进行了详细、系统的研究。

通过加工变形的预测、切削参数的优化、工艺结构尺寸的优化以及特殊的加工工艺的建模与仿真,建立了一套完整、系统的针对薄壁结构零件加工变形误差的控制方法。并且形成了初步的控制软件,通过该方法可以有效地对薄壁结构零件突显的加工变形误差进行控制,并有效地提高生产率,从而满足生产实际的要求。

参 考 文 献

[1] KLINE W A, DEVOR R E, SHAREEF I A. The prediction of surface accuracy in end milling [J]. ASME J Eng Ind, 1982, 104: 272 - 278.

[2] SUTHERLAND J W, DEVOR R E. An improved method for cutting force and surface error prediction in flexible end milling systems [J]. J Eng Ind,1986, 108: 269 - 279.

[3] BUDAK E, ALTINTAS Y. Flexible milling force model for improved surface error predictions [J]. Proceedings of the Engineering System Design and Analysis, 1992, 47(1): 89 - 94.

[4] TSAI J S, LIAO C L. Finite-element modeling of static surface errors in the peripheral milling of thin-walled workpieces[J]. J Mater, ProcessTechnol, 1999, 94: 235 - 246.

[5] BUDAK E, ALTINTAS Y. Peripheral milling conditions for improved dimensional accuracy[J]. Int J Mach, Tools Manuf, 1994, 34: 907 - 918.

[6] WANM, ZHANG W H, QIU K P, et al. Numerical prediction of static form errors in peripheral milling of thin-walled workpieces with irregular meshes[J]. J Manuf Sci Eng, 2005, 127: 13 - 22.

[7] KOPS L, VO D T. Determination of the equivalent diameter of an end mill based on its compliance[J]. CIRP Ann, 1990, 39 (1): 93 - 96.

[8] YANGL Q, RICHARD E, DEVORSHIV K G. Analysis of force shape characteristics and detection of depth-of-cut variations in end milling [J]. ASME Journal of Manufacturing Science and Engineering, 2005, 127(3): 454 - 462.

[9] KLINE W A, DEVOR R E, LINDBERG R. The prediction of cutting forces in end milling with daplication to cornering cuts[J]. International Journal of Machine Tool Design and research, 1982, 22(1): 7 - 22.

[10] BUDAK E, ALTINTAS Y. Modeling and avoidance of static form errors in peripheral milling of plates [J]. International Journal of Machine Tool & Manufacturing, 1995, 35 (3): 459 - 476.

[11] 武凯. 航空薄壁件加工变形分析与控制[D]. 南京:南京航空航天大学, 2002.

[12] RATCHEV S, LIU S, HUANG W, et al. Milling error prediction and compensation in machining of low-rigidity parts[J]. International Journal of Machine Tools & Manufacture, 2004, 44: 1629 - 1641.

[13]　RATCHEV S，LIU S，BECKER A A. Error compensation strategy in milling flexible thin-wall parts[J]. Journal of Materials Processing Technology，2005，162/163：673 – 681.

[14]　ALTINTAS Y. Manufacturing Automation[M]. Cambridge：Cambridge University Press，2000.

[15]　万敏. 薄壁件周铣加工过程中表面静态误差预测关键技术研究[D]. 西安：西北工业大学，2005.

[16]　高彤. 铣削加工表面形貌及端铣加工变形仿真研究[D]. 西安：西北工业大学，2004.

[17]　赵威. 航空薄壁件的刀具偏摆数控补偿加工技术[J]. 机械制造与自动化，2002，5：12 – 19.

[18]　SMITH S，TLUSTY J. An overview of modeling and simulation of the milling process[J]. Transactions of the ASME Journal of Engineering for Industry，1991，113(2)：169 – 175.

第6章 基于积极预防的表面误差控制

【内容提要】 本章基于刀具的制造和工件的刚性这两条解决薄壁结构零件加工变形的根本途径,设计了一种适合于薄壁结构零件加工的新型刀具——"变锥度刀具",研究了该刀具的制造及其切削力的计算问题,并就其在薄壁结构零件加工变形中的应用进行研究;就夹具布局优化进行了讨论,设计了适合于薄壁结构零件加工的新型夹具,并进行了有限元分析,对其结构进行了设计与优化。以上创新性的研究成果可以在很大范围内解决薄壁结构零件的加工变形问题。

6.1 引　　言

通过第5章切削参数优化,可以发现对于薄壁结构零件加工变形的控制,各种加工工艺均存在一定的弊端,不能从根本上消除变形误差的产生。究其变形的根本,在于以下两条:

(1)工件壁薄,刚性差。

(2)刀具为圆柱立铣刀,均匀的刀齿直径和工件自由端较下端刚性差的事实造成加工变形误差的产生,且其形状凹凸不平。

对于切削参数和工艺的优化控制,可以在预测得到加工变形的前提下对加工变形进行一定补偿、控制,但从方法上仍然属于消极的预测和控制方法。若要积极地预防加工变形的产生,只能从以上两条出发:①提高工件刚性;②可以从刀具设计的角度来考虑达到减小加工变形的目的。

先从改变圆柱立铣刀设计出发,设计了一种适合于薄壁结构零件加工的"变锥度刀具",并建立了该刀具的切削力计算模型及薄壁结构零件加工变形预测模型,同时进行了仿真算例研究和实验验证,然后就夹具布局优化进行了讨论,设计了一种与主轴连接的薄壁结构零件加工变形抑制新型夹具,并进行了算例分析研究。

6.2 新型刀具的设计

由第5章变切深工艺研究部分可知,虽然增加径向切深可以在一定程度上减小加工误差,但是同时增加了切削力,并不能改变最大加工误差和最小加工误差之间的相对差值,表面形貌仍然呈凹凸不平状,究其原因在于同一个径向切深下,结构刚度的上下不同导致加工变形的不同。如果可以根据结构刚度的变化改变径向切深,即同一进给位置处自上而下,采用不同的径向切深,工件上端变形大采用较大切深,下端变形小采用较小的径向切深,那么就可以达到较

小的加工误差,并减小表面凹凸程度。该功能的实现只能从刀具本身的制造出发,设计与圆柱立铣刀加工薄壁时加工变形相补偿的刀具刃形,用于补偿加工变形,从而减小表面误差。

以下详细讨论针对薄壁结构零件加工变形而设计的新型刀具——"变锥度刀具"。研究应用于薄壁结构零件切削的切削力及加工变形、工艺补偿方法研究,最后进行仿真算例预测,并组织实验对结果进行验证。

6.2.1 "变锥度刀具"的理论设计

薄壁结构零件加工变形呈现如图 3-17 及图 3-18 所示的凹凸曲线,根据薄壁结构零件加工变形特点,设计和薄壁工件加工变形曲线相一致的刀具表面,加工过程中对变形形成补偿,是"变锥度刀具"设计的基本思想。根据仿真计算的变形结果,反向补偿进行铣刀刃形设计,在工件变形后精确得到加工表面。

为了得到精确的加工表面,刀具刃形外轮廓如图 6-1 所示。其任意高度位置 H 处的刀刃半径为

$$R(h) = \mu(h) + R \tag{6-1}$$

式中：$\mu(h)$——轴向切削高度 h 处的变形误差预测值；

R——立铣刀原半径。

鉴于加工误差相对于半径一般都较小,所以可以按原立铣刀的前刀面和后刀面设计刃形。同时,由于刀具的刃形和工件变形误差曲线相同,所以该变锥度刀具为专用刀具,不同的工件需设计不同的刀具。

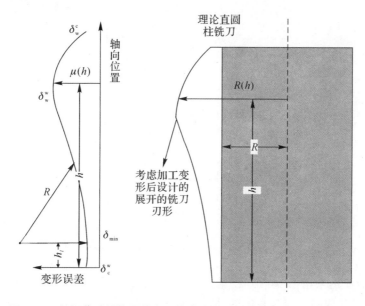

图 6-1　根据薄壁结构零件变形仿真结果进行变锥度铣刀的刃形设计
（刃形和变形误差都经过放大）

加工过程中由于刀具刃形呈曲线状,所以其径向切深也随轴向位置而变,由图 6-1 可以得到对应某一轴向位置的径向切深为

$$d_r(h) = d_r + \mu(h) \qquad (6-2)$$

式中：d_r——名义径向切深。

变锥度铣刀的对刀以刀具底端刀刃为准，在进给设置上考虑增加一个底端刀具变形值 δ_c^w。

为简化制造过程，将变形曲线简化，前半段加工变形曲线利用最小二乘法用近似圆弧代替理论刃形，后半段利用一条直线来代替理论刃形。由曲线上的三个极值点 $0,\delta_w^w - \delta_c^w$ 及 $\delta_w^w - \delta_c^w$ 拟合得到。所以可以得到变锥度铣刀的径向切深的计算方法如下：

$$d_r(h) = \begin{cases} \delta_c^w + d_r + \dfrac{\delta_{min} - \delta_c^w}{h_1}h & h < h \\ \delta_{min} + d_r + R - \sqrt{R^2 - (h-h_1)^2} & h_1 \leqslant h \leqslant d_a - Z_{en} \\ \delta_w^w + d_r - \dfrac{\delta_w^w - \delta_w^c}{Z_{en}}(H-h) & h > d_a - Z_{en} \end{cases} \qquad (6-3)$$

式中：d_a——轴向切深；

Z_{en}——δ_w^w 对应的轴向距工件自由端高度，为理论最大变形产生位置。

依然将刀齿沿轴向分为 n 个微单元，刀具在进入稳定切削后，正处于切削加工的一个进给下的切削区域形状如图 6-2 中实线所示，虚线部分为正常铣刀的一个进给下的切削区域。刀具回转几周稳定切削后，尽管不同的轴向高度径向切深有所不同，对于相同的螺旋角，每齿进给量 f_z 却有相同的值，而径向切深按式（6-3）计算，其中 h 为表面生成点到刀具工件切削底端的距离。其他切削参数的计算按照理论圆柱立铣刀的切削力计算公式进行计算（见第 2 章），而刀具的变形依然采用悬臂梁理论按式（3-1）计算。

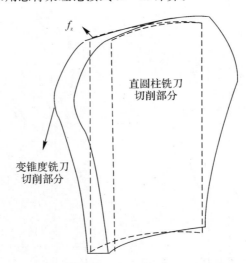

图 6-2　变锥度铣刀单进给切削部分

有限元模型依然采用第 3 章方法建立，由于工件变形后，材料去除部分正好与圆柱差不多，因此刀具依然采用圆柱代替与工件进行布尔运算。只是切削力计算过程中径向切深须按式（6-3）计算，表面误差的计算按下式得到：

$$\mu_h(l) = \delta'_h(l) - [d_r(h) - d_r] \qquad (6-4)$$

式中：$\mu_h(l)$——某一进给位置 l 处的实际的表面误差；

$\delta'_h(l)$——仿真计算按不同径向切深迭代计算收敛后的加工变形，为刀具和工件变形之和。

结构设计:对于"变锥度"刀具,其结构特征依然按照标准刀具的要求进行设计,径向上刀刃高度需要按照预测得到的加工变形进行设计,如图6-1所示。

6.2.2 算例与实验研究

以下结合第5章算例5-2,对变锥度铣刀的结构设计、切削力计算及变形误差补偿的仿真计算进行研究,并讨论变锥度刀具在减小薄壁结构零件加工误差中的作用。

切削参数见表5-1,对于薄壁结构零件而言,由于不同进给位置处结构刚度的不同,造成加工变形误差的较大区别,由图5-11可知,工件进给中间部位的加工变形最小,初始切削与切出位置变形都较大。为了保证薄壁工件表面误差不出现负偏差,必须按工件最小加工变形产生处——中间部分的变形误差进行刀具刃形的设计。工件进给位置 $X=27.5\text{mm}$(工件中间部位靠前一点)处存在表面误差的最小值,如图6-3(a)所示。根据三个极值点设计刀具刃形,工件变形前半段为凹曲线,若设计成直线将有可能在加工过程中产生负偏差,所以用最小二乘法用圆弧代替,后半段用直线代替。

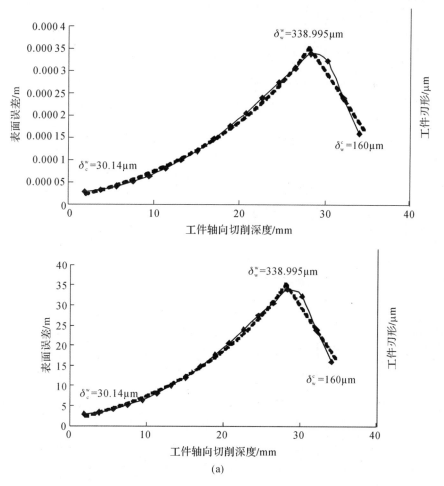

图6-3 算例5-2进给位置 $X=27.5\text{mm}$ 处表面误差及对应变锥度刀具设计

(a)由表面误差拟和刀具刃形 μm

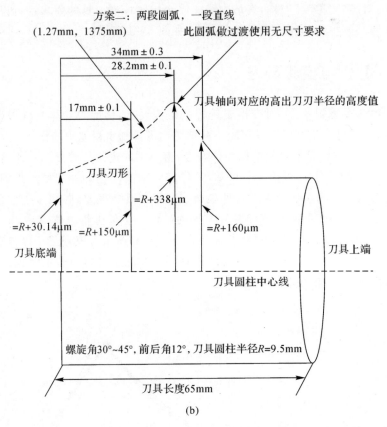

(b)

续图 6-3　算例 5-2 进给位置 $X=27.5$ mm 处表面误差及对应变锥度刀具设计

(b)刀具刃形设计

　　如图 6-4 所示,设计的"变锥度刀具"需要在五坐标数控磨床上进行加工,经由澳大利亚 ANCA RX-7 数控五轴工具磨床,可以保证精确的刀齿刃形,并通过"Genius 3"精确测量刀具刃形,从而保证了刀具的加工质量,加工完成的"变锥度刀具"如图 6-4(d)所示。

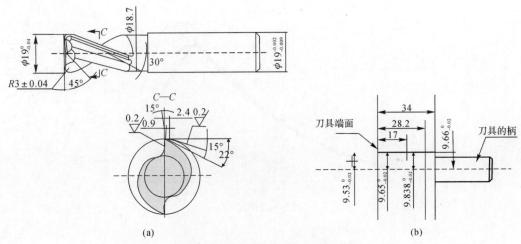

(a)　　　　　　　　　　　　　　(b)

图 6-4　"变锥度刀具"的结构设计及制造(单位:mm)

(a)整体结构尺寸设计;(b)径向尺寸的设计

(c)　　　　　　　　　　　　　　　　　　(d)

(e)

续图 6-4　"变锥度刀具"的结构设计及制造(单位:mm)

(c)五坐标刀具制造过程;(d)刀具刀齿尺寸精确测量;(e)加工实际制造的刀具

由以上曲线设计的变锥度铣刀,进行加工变形的仿真计算。作为算例,先按照第 5 章算例 5-2 的切削参数和工件参数进行建模,考虑刚性和柔性工件两种情况对变形误差进行仿真预测研究。刚性情况下设工件厚度由原来的 2.45mm 变为 10mm,其他参数不变,得到的表面误差及切削力如图 6-5 所示。

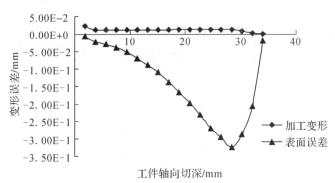

图 6-5　刚性情况 $X=27.5$mm 处表面整体误差

由图6-5可知,在刚性情况下,由于工件变形很小,表面形貌基本上是刀具刃形和刀具变形的叠加,工件沿进给方向上的整体变形基本一致。由图6-6可知,切削力随不同的刃形而变化,在刃形半径较大的部位切削力也较大,由于刀具自工件顶端 Z_{en} 附近处的径向切深最大,其切削力也最大。与普通圆柱立铣刀不同的是,在工件中间部位切削力也随着径向切深的增加而持续增加。

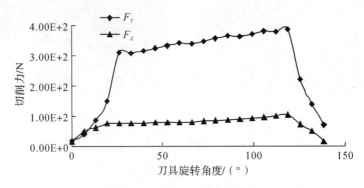

图6-6 中间 $X=27.5$mm 处法向切削力的一周变化

算例6-1:

将该"变锥度刀具"用于薄壁工件加工。针对航空铝合金材料 7050-T7451,实验参数与第5章算例5-2相同,工件厚度为2.05mm,名义径向切深 $d_r=0.65$mm。刀具为两齿立铣刀,材料为Y330,弹性模量为530GPa,螺旋角为30°,法前后角均为12°,装卡长度为53.4mm,主轴转速为1000 r/min,每齿进给量为0.08mm,刀具与夹头间的装卡刚度 $K_c=17\,660$N/mm。

有限元模型不变,但计算切削力部分需要按照式(6-3)计算得到的径向切深来计算,得到的表面误差如图6-7所示。

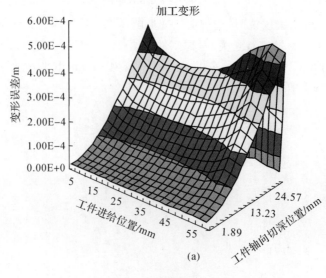

(a)

图6-7 算例6-1

(a)普通刀具加工变形预测

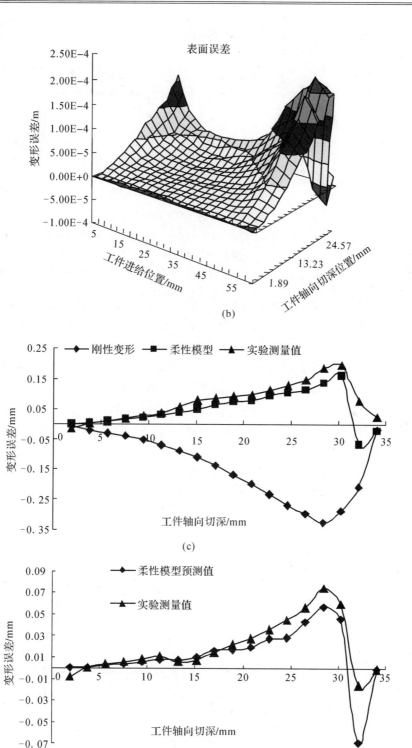

续图 6-7 算例 6-1

(b)变锥度刀具加工表面误差预测全貌;(c)开始 $X=5$mm 处表面误差;(d)中间 $X=27.5$mm 处表面误差

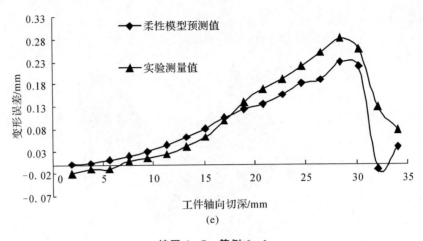

(e)

续图 6-7 算例 6-1

(e)边缘 $X=55$mm 处表面误差

对图 6-7 与图 5-11 比较可知,刀具刃形的改变使得最大变形由边缘位置的 510μm 变为 227μm,初始切入端的最大变形由原来的 380μm 变为 161μm,而中间部位由于初始的刀具刃形设计即出于对其变形的拟和而来,所以变形很小,由原来的 338μm 变为 57μm,其误差的产生主要是因为径向切深增大引起的切削力增大,从而导致加工变形有了新的增大。同时,加工变形误差的起伏也有了很大的减小。负偏差最大表面误差为 20μm。以上证明变锥度刀具的使用大大减小了加工变形,基本上可以满足加工误差的要求。

由图 6-8 可知,在进给至工件中间部位,刚性情况下切削力的变化仍然在中间几乎保持不变,而加工末端 60mm 处,中间阶段切削力的变化虽然呈现出下降趋势,但是不太明显。这与加工变形的预测结果相符,主要是由于刀具刃形的变化,平衡了加工变形,不同的刀具旋转位置切削深度相对均匀的原因。总体上加工末端 60mm 处的切削力依然小于中间部位,这与末端加工变形增大的事实也相吻合。

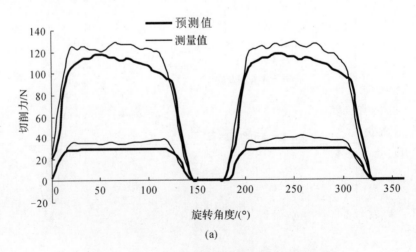

(a)

图 6-8 算例 6-1 切削力的预测和实验值比较

(a)进给位置 $X=27.5$mm 处的切削力变化

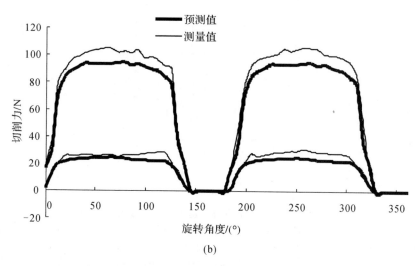

续图 6-8　算例 6-1 切削力的预测和实验值比较

(a)进给位置 $X=27.5$mm 处的切削力变化;(b)进给位置 $X=60$mm 处的切削力变化

　　"变锥度刀具"减小了薄壁结构零件加工变形及表面误差形貌的起伏,属于专用刀具,专用于一定的轴向切深、一定的径向切深、一定的悬臂长度、特定的工件/刀具材料副,但对于昂贵、耗时的航空工业大型整体结构件的加工却非常适用。

6.3　夹具布局优化及新型夹具的设计

　　对于在机床和夹具方面考虑的积极预防的变形控制方法,日本的岩部洋育采用双主轴机床分别从两侧进行侧壁的加工,从而抵消了薄壁结构零件的变形;从工装方面考虑,采用真空夹具、石膏填充法及低熔点合金填充法等工艺方法加强支撑,进而达到减小变形、提高加工精度的目的等。以上方法成本高昂,操作性差,过程复杂。以下采用简单的夹具布局优化技术及设计的专用夹具,探讨对薄壁结构零件加工变形的控制。

6.3.1　夹具布局优化技术

　　定位误差、夹紧误差等会导致工件发生位置偏移等,影响加工精度(见图 6-9)。根据薄壁结构零件加工特点,第二面定位元件对于薄壁结构零件法向变形起关键影响作用,所以以下仅讨论第二面定位元件的位置优化技术。

　　薄壁工件变形很复杂,再加上夹具的影响,一般需要用有限元方法求解。单独一次有限元分析可以获得工件的变形情况,在优化算法指导下改变有限元模型中夹具元件位置,寻找最优的夹具布局和夹紧力,可以减小工件变形,得到较小的加工误差。

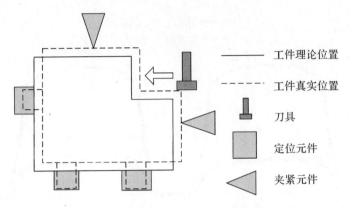

图 6-9 定位夹紧等误差对工件位置的影响

使用弹簧边界条件近似代替夹具元件与工件的接触,元件与工件的接触由弹簧边界条件代替;其中定位元件与工件的接触由三个相互垂直的一端固定、一端同工件相连的弹簧代替,具体如图 6-10 所示。

夹具中所有元件位置共同构成了夹具布局,夹具布局优化即是夹具元件的位置优化,所以,夹具元件位置是设计变量。优化过程针对薄壁结构零件的侧壁,加工点处工件偏移量的大小基本上反映了加工误差的大小,所以我们选择加工过程中加工面上最大偏移量为目标函数。先根据有限元模型计算得到初始的最大变形位置,在夹紧定位表面分区(见图 6-11)的基础上,将各个分区最大变形位置设为定位元件的初始位置,然后由一个变形规则驱动的启发算法来进行定位点位置的优化。

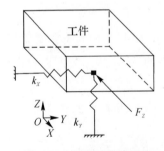

图 6-10 定位元件的简化

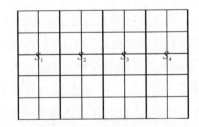

图 6-11 工件表面分区

可行的夹具方案必定要满足两个约束条件:一个是在加工过程中工件同夹具元件之间一直存在挤压力;另一个是夹具元件与工件不存在相对滑动。这两个条件是确保加工过程中工件稳定和工件加工精度的必要条件。

综上所述,以降低加工过程中工件变形为目标的夹具布局优化模型的数学表达式可以写为

$$\min\{\max[\max(y_{i,j,k}^{S_1}),\max(y_{i,j,k}^{S_2}),\max(y_{i,j,k}^{S_3}),\cdots,\max(y_{i,j,k}^{S_n})]\}$$

约束条件为

$$\mu\mid F_{Nm}\mid\geqslant\sqrt{F_{tXm}^2+F_{tYm}^2}\qquad m=1,2,\cdots,p \tag{6-5}$$

$$F_{Nm}\geqslant0$$

式中:$\max(y^{S_n}_{i,j,k})$——在区域 S_n 各加工点处的工件最大位移;

$\quad\quad F_{Nm}$——夹具元件 m 与工件之间的法向力;

$\quad\quad \mu$——夹具元件与工件之间的摩擦因数;

F_{tXm},F_{tYm}——夹具元件 m 与工件之间的切向力;

$\quad\quad p$——夹具元件数量,是模拟加工过程的工况数,值越大这种模拟就越近似于实际加工过程。

考虑薄壁结构零件的工件/刀具的耦合变形以及顺铣和逆铣的不同,针对其最大变形及最小变形,进行误差预测和定位位置的优化,具体优化如图 6-12 所示。

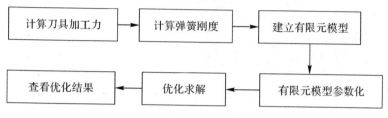

图 6-12　夹具优化总体过程

算例 6-2:

要求:为图 6-13 所示工件铣削加工设计夹具,保证工件加工精度。待加工工件长为 168mm,宽为 19mm,高为 30mm,壁厚为 3mm,加工区域为工件外形。工件材料为铝合金,弹性模量 $E=71$GPa,泊松比 $\upsilon=0.3$。

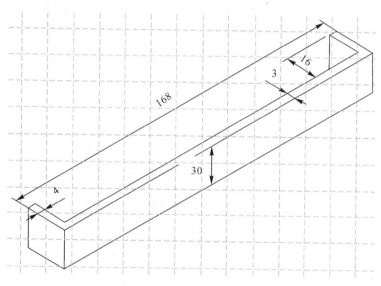

图 6-13　工件外形尺寸(单位:mm)

刀具为两齿立铣刀,螺旋角为 30°,刀具直径为 12mm,轴向切深为 30mm(腹板 1mm),径向切深为 2.5mm,刀具转速为 1000r/min,每齿进给量为 0.05mm/齿。$K_T=1\,458.15$,$K_R=0.707\,8$。加工过程由 30 个进给位置模拟,每个进给位置中力大小相同,方向由加工位置和刀具转动方向确定。工件加工区域如图 6-14 所示。

根据加工要求,底面采用真空夹具加紧,确定侧壁内侧采用 2 个定位元件的设计方案。选择球头夹具元件对工件进行定位夹紧,定位元件末端球直径 10mm(见图 6-15);夹具元件材料为合金钢,弹性模量 $E=220\mathrm{GPa}$,泊松比 $\upsilon=0.3$。定位元件的位置选择自工件顶面 Z_{en} 位置(没有定位元件时的理论最大变形位置,见图 6-16),至此,可以建立工件夹具系统有限元模型如图 6-17 所示,定位元件初始位置的工件变形误差如图 6-18 所示。

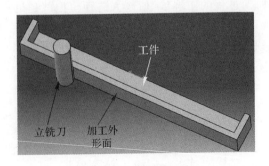

图 6-14　工件加工区域

图 6-15　夹具元件形状及尺寸

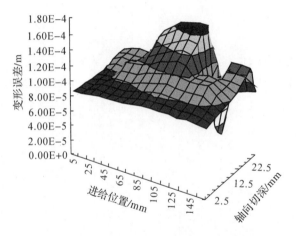

图 6-16　未添加定位元件时的表面误差

图 6-17　工件夹具系统有限元模型

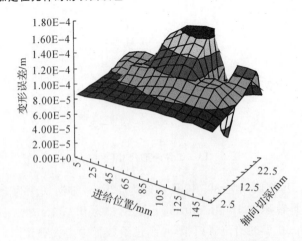

图 6-18　定位元件初始位置的工件变形误差

编制 Python 程序来控制定位元件的位置,完成有限元模型参数化的准备工作。

为了使优化结果具有现实意义,必须对各设计变量加以限制,设定各设计变量的取值范围。通过对定位面进行区域划分,可以确定各夹具元件位置变量的取值范围。把定位元件所在的面划分为两个区域(见图 6-19)。定位元件的初始位置设置为 $L_1(42,22)$,$L_2(126,22)$,进给方向的坐标选为工件长度的 1/4 和 3/4 位置,轴向位置选为自工件顶面 Z_{en} 位置(没有定位元件时的理论最大变形位置)。L_1 的 X 向取值范围为 $(0,84)$,L_2 的 X 向取值范围为 $(84,168)$。利用 Liu 等人提供的六条优化规则进行定位点位置的优化,定位件每次优化向最大变形位置移动的距离为 5mm,迭代的收敛条件是三个区域的最大变形误差相差小于 10%。

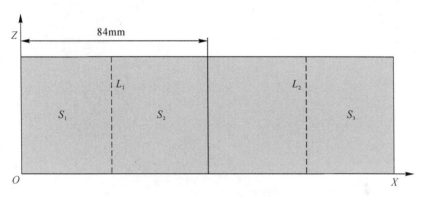

图 6-19　定位面区域划分

初始位置确定后两个定位件将整个加工面分为 S_1,S_2,S_3 三个分区,优化过程中的各个区域的最大变形变化趋势见表 6-1。

表 6-1　优化过程中的最大变形

优化序号	最大变形			
	S_1 最大变形/μm	S_2 最大变形/μm	S_3 最大变形/μm	整体最大变形/μm
1	116	170	128	170
2	123	153	134	163
3	131	148	139	148
4	137	138	142	142

经优化的定位件位置如图 6-20 所示,对于本例,定位件优化位置分别为 $L_1(62,22)$ 和 $L_2(106,22)$;优化后的表面变形误差如图 6-21 所示,由图 6-21 可以看出经过定位元件的添加和优化大大减小了加工误差。

图 6 - 20　优化的定位件位置

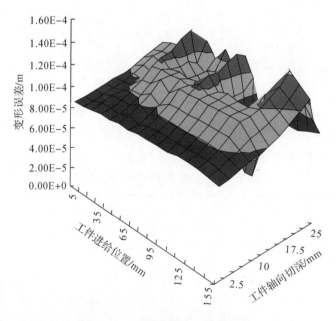

图 6 - 21　优化后的加工表面误差

6.3.2　新型夹具的设计

　　对于弱刚度的薄壁结构零件(见图 6 - 22)，提高其加工部位的结构刚性是解决其加工变形误差的根本途径之一，不同的夹具夹紧和定位点固定，而加工过程是一个动态的过程，加工部位在不断变化，不能保证处于加工过程中的加工部位时刻都有较好的结构刚性，从而不可避免产生较大误差。以下从考虑提高加工部位结构刚性的角度，设计了一种随机床主轴和刀具平行移动的夹具，并就其刚性和结构进行了优化设计。

图 6-22　典型薄壁结构零件(薄壁包括直壁和 L 形壁)

　　针对整体壁板的加强筋等简单的直壁加工特征(有的甚至没有了横向的加强肋,使得壁板只有纵向简单的直壁结构),设计了如图 6-23 所示的定位机构用于加强薄壁结构刚性,提高加工精度,该定位机构方便灵活,成本低,完全适用于薄壁结构零件加工。

　　结构中考虑到操作的方便,将定位结构主体上部卡在机床主轴上,采用卡环通过螺栓机构紧紧与主轴相连,并设有夹紧螺栓(见图 6-23A 区域),以保证机构随机床主轴与刀具进行平行的移动。为防止卡紧部分下滑(主轴外表皮都比较粗糙),设计了防滑的卡环(如 6-23B 部分)。夹具主体与下方采用螺栓连接横向的加强圆柱,定位圆柱和加强圆柱的连接为螺纹连接,中间的加强圆柱为两头螺栓的钢柱,可以调节定位圆柱和夹具主体的距离,定位圆柱上攻若干与加强圆柱相等的螺纹孔,可以方便地进行上下调节以适合不同高度的薄壁结构零件的加工,但是考虑到刀具和夹头的距离,定位圆柱的上下调节余地并不大,还需主要靠图 6-23 中C 部位螺栓的上下移动。

　　通过调节加强圆柱螺栓可以调整立铣刀和定位圆柱之间的距离,用于不同厚度薄壁结构零件的加工。其二维立体设计及针对算例 6-3 的夹具安装如图 6-23 所示。

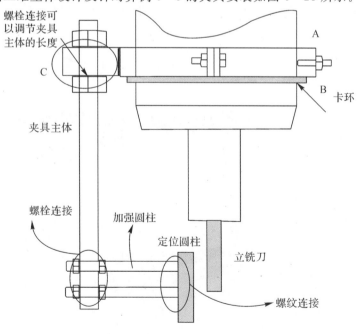

图 6-23　薄壁结构零件加工变形抑制夹具设计图

对于较为紧密安排的薄壁,加强圆柱的高度不能高过薄壁的高度,因此,设计上应该将定位圆柱直径设为小于立铣刀直径,加强圆柱设为仅上面一个,或者两个加强圆柱必须均高于薄壁高度。

算例 6 - 3:

为了对该专用夹具进行优化设计并验证夹具在减小薄壁结构零件加工变形误差中的作用,结合算例 6 - 1 各参数,在夹具存在的情况下进行了另外一组实验。基于 CATIA 和 ABAQUS,结合算例 6 - 1 各参数,在对夹具结构进行了适当简化的基础上建立了有限元计算模型,如图 6 - 24 所示。定位圆柱直径为 19mm,横向加强圆柱直径为 15mm,夹具主体圆柱直径为 15mm;高度为 170mm,夹具主体材料刚度 $E_f = 160GPa$,弹性模量 $\mu = 0.3$。定位圆柱采用不锈钢材料,刚度 $E_c = 230GPa$,弹性模量 $\mu = 0.3$。定位圆柱高 34mm,与加工薄壁在高度方向重合,上加强圆柱和定位圆柱上端重合,下加强圆柱和定位圆柱的中点(即高度 17mm 的地方)重合。要求定位圆柱表面光滑,以保证不损伤薄壁结构零件加工表面。

(a)　　　　　　　　　　　　　　　(b)

图 6 - 24　夹具有限元模型的建立

(a)双根加强柱定位夹具有限元模型;(b)单根加强柱的夹具模型

设置定位圆柱外表面和薄壁加工件的外表面接触约束(tie 约束),并设置为面和面接触类型。通过 Python 程序控制刀具和定位圆柱的移动同步进行,并进行切削力的施加,仿真得到的加工误差预测结果如图 6 - 25 及图 6 - 26 所示。

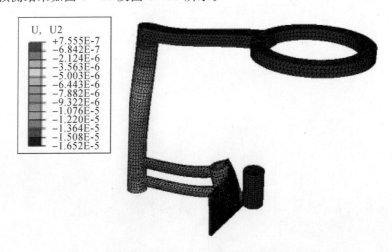

图 6 - 25　夹具的整体结构变形(进给 5mm 位置,放大 156 倍)

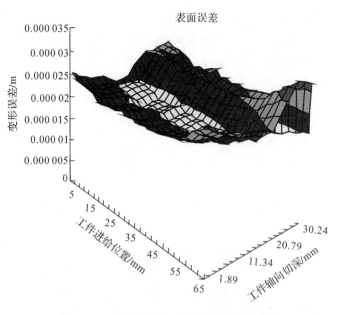

图 6‑26　定位夹具存在下的预测变形形貌

由图 6‑27 可以看出,专用夹具的存在基本上消除了加工变形的产生。仿真预测结果最大变形仅有 27μm,远远小于薄壁结构零件加工误差的公差要求。而实验结果则不同,与仿真结果存在较大差别的是其最大变形仍然在靠近工件上端部位,整个表面形貌与仿真结果有较大区别,最大变形值为 49μm,发生此情况的原因可能是由于工件和夹具接触不够紧密或者夹具安装不够垂直,从而加工过程中并非一开始就和工件一起承受切削力,引起加工变形的增大,待工件变形与夹具紧密贴和后,变形便受到夹具的影响不再继续增大。同时可以看到,工件底部变形和预测结果相符。实际加工过程中可以通过调节加强螺柱的螺栓来调节定位圆柱与工件之间的距离及接触程度。但总体来说,该夹具系统确实减小了加工误差和表面形貌的起伏。

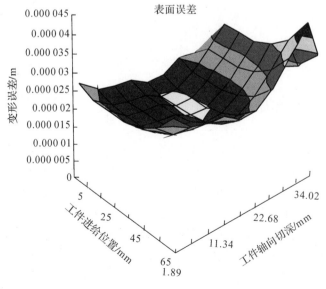

图 6‑27　定位夹具存在下的加工变形测量结果

为了保证刀具在脱离加工的瞬时不与夹具碰撞发生打刀和其他严重事故,可以将夹具安装在距离加工区域一个直径的地方(通过调节螺栓连接可以达到控制定位圆柱在进给方向位置的目的,或者调节夹具主体的方向角度),如图 6-28 所示。安装位置在加工区域后一个直径处的加工误差预测结果基本上没有什么变化,边缘位置有些许增大,但相差仅有 3% 左右,完全可以满足加工要求。对于框体件等封闭或半封闭的工件,在加工过程中如果不存在可能的刀具和定位圆柱的碰撞,可以直接和刀具放在重合的位置上以减小误差。

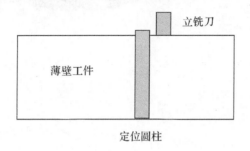

图 6-28 实际加工中避免刀具和夹具碰撞的安装位置

该夹具系统操作相当方便,非常适合于薄壁结构零件加工的精度保障。同时由于定位圆柱的滚动作用,可以起到使残余应力均匀、减小结构整体变形的客观作用;定位圆柱直接作用于加工区域,可以有效地抑制加工过程中的振动效应,提高加工质量。

可以认为,该夹具的合理使用可以从根本上解决简单薄壁结构零件的加工变形问题,使得加工误差完全满足加工要求。同时,该夹具系统操作简单,经济有效,是一种实用的针对薄壁结构零件加工的新型夹具系统。

该夹具系统针对加工区域进行约束,可以有效地减小加工变形误差,但是仅适合于壁板类直壁及简单的外形或单个框的加工。对于复杂的薄壁结构零件加工,还需根据前述章节的方法进行工艺参数优化、刀具路径优化等工作来保证加工精度,或者采用本章设计的"变锥度刀具"来加工。

6.4 本章小结

首次提出了薄壁结构零件加工变形抑制的两条根本途径:提高工件加工部位刚度和改变刀具设计。

从改变圆柱立铣刀结构设计出发,设计制造了一种适合于薄壁结构零件加工的"变锥度刀具",并建立了该刀具的切削力计算模型及薄壁结构零件加工变形预测模型,同时进行了仿真算例研究。结果表明,"变锥度刀具"可以很好地减小表面误差,并降低表面不平度。

从提高加工区域结构刚度的角度,设计制造了一种适合于薄壁结构零件加工的夹具系统,根据薄壁结构零件加工变形的特点就其结构设计及有限元模型进行了讨论,并进行仿真算例研究及实验验证,证明该夹具系统可以从根本上解决简单侧壁加工的加工变形问题,是一种简便有效的薄壁结构零件加工夹具。

通过以上创新性的研究成果可以在很大范围内解决薄壁结构零件的加工变形问题。

参 考 文 献

[1]　周孝伦，张卫红，秦国华,等. 基于遗传算法的夹具布局和夹紧力同步优化[J]. 机械工程学报，2005，24：339 – 342.

[2]　陈宝林. 最优化理论与算法[M]. 北京：清华大学出版社，1989.

[3]　KRISHNAKUMARK，MELKOTE S N. Machining fixture layout optimization using the genetic algorithm[J]. Int J Mach Tools & Manuf，2000，40(4)：579 – 598.

[4]　KRISHNAKUMARK，SATYANARAYANA S，MELKOTE S N. Iterative fixture layout and clamping force optimization using the genetic algorithm[J]. J Manuf Sci Eng，2002，124 (1)：194 – 125.

[5]　VALLAPUZHA S，METERE C DE，SHABBIRC，et al. An investigation of the effctiveness of fixture layout optimization methods[J]. Int J MachTools & Manuf，2002，42(2)：251 – 263.

[6]　VALLAPUZHA S，METERE C D. An investigation into the use of spatial coordinates for the genetic algorithm based solution of the fixture layout optimization problem[J]. Int J Mach Tools & Manuf，2002，42(2)：265 – 275.

[7]　LIB，MELKOTE S N. Fixture clamping force optimization and its impact on workpiece location accuracy[J]. Int J Adv Manuf Technol，2001，17：104 – 113.

[8]　YEH J H，LIOU F W. Contactcondition modelling formachining fixture setup processes[J]. Int J Mach Tools & Manuf，1999，39(5)：787 – 803.

[9]　董辉跃,柯映林. 铣削加工中薄壁件装夹方案优选的有限元模拟[J]. 浙江大学学报(工学版),2004,38(1):17 – 21.

[10]　LIU S G，ZHENG L，ZHANG Z H,et al. Optimal fixture design in peripheral milling of thin-walled workpiece [J]. International Journal of Advanced Manufacturing Technology,2006,28(2)：653 – 658.

[11]　岩部洋育. Study on matching accuracy of thin wall workpiece by end mill[J]. 日本机械学会论文集(C 编),1997,63(605)：239 – 246.

[12]　ONG S K. Application of fuzzy set theory to setup planning[J]. Annals of the CIRP，1994，43(1)：137 – 144.

[13]　HIROSHI S. Automatic setup planning and fixture design for machining[J]. Journal of manufacturing systems，2003,11(1)：30 – 37.

[14]　KOJI T. Coordinative generation of machining an fixturing plans by a modularized problem solver[J]. Annals of the CIRP,1998，47(1)：437 – 440.

[15]　MENASSA R J. Optimization methods applied to selecting support positions in fixture design[J]. Journal of Engineering for Industry，1991，113：412 – 418.

[16]　HARUKI O，TAKAHIRO W，TSUYOSHI O. A method to machine three-dimensional thin parts[M]. BOSTON：Kluwer Academic Publishers，2000.